U0342759

凝胶注模陶瓷材料热脱脂工艺基础理论

李 静 著

扫描二维码查看
本书部分彩图

北 京
冶金工业出版社
2023

内 容 提 要

本书系统介绍了凝胶注模制备陶瓷材料过程的热脱脂工艺基础理论，包括了凝胶注模制备陶瓷材料的研究进展、热脱脂过程中陶瓷生坯的热物理性质演变规律、生坯热脱脂动力学、生坯热脱脂过程中的热-流-固多物理场耦合数学模型的构建及仿真。

本书内容丰富，数据翔实，技术先进，可供高等院校材料科学与工程、粉末冶金专业的师生阅读，也可供从事相关陶瓷材料生产的现场工程技术人员和科研人员参考。

图书在版编目 (CIP) 数据

凝胶注模陶瓷材料热脱脂工艺基础理论／李静著 . —北京：冶金工业出版社，2023. 9
ISBN 978-7- 5024-9643-2

Ⅰ . ①凝…　Ⅱ . ①李…　Ⅲ . ①陶瓷—制备—研究　Ⅳ . ①TQ174

中国国家版本馆 CIP 数据核字（2023）第 192861 号

凝胶注模陶瓷材料热脱脂工艺基础理论

出版发行	冶金工业出版社	**电　话**	(010)64027926
地　址	北京市东城区嵩祝院北巷 39 号	**邮　编**	100009
网　址	www. mip1953. com	**电子信箱**	service@ mip1953. com

责任编辑　王　双　美术编辑　彭子赫　版式设计　郑小利
责任校对　梁江凤　责任印制　禹　蕊
三河市双峰印刷装订有限公司印刷
2023 年 9 月第 1 版，2023 年 9 月第 1 次印刷
710mm×1000mm　1/16；9.75 印张；189 千字；147 页
定价 76. 00 元

投稿电话　(010)64027932　投稿信箱　tougao@ cnmip. com. cn
营销中心电话　(010)64044283
冶金工业出版社天猫旗舰店　yjgycbs. tmall. com
（本书如有印装质量问题，本社营销中心负责退换）

前　　言

随着结构陶瓷材料应用领域的不断拓宽，人们对陶瓷材料部件的形状、尺寸及精度提出了越来越高的要求。凝胶注模成型是建立在传统注浆成型和高分子化学理论基础上的一种成型工艺，具有坯体密度分布均匀、干燥后体积收缩小等优点。凝胶注模成型技术已被证明可改善传统陶瓷坯体成型的收缩变形和后加工困难等问题，是实现尺寸较大、形状较复杂陶瓷制品近净尺寸成型的最有效的途径。目前，该工艺已广泛应用于多种结构陶瓷的制备，在塞隆、氧化铝、氮化硅、碳化硅、二氧化硅等陶瓷材料的成型制备方面受到广泛关注。

热脱脂是凝胶注模成型陶瓷部件的重要步骤之一。生坯热脱脂过程伴随着一系列物理、化学变化，如果控制不当，坯体极易发生开裂、塌陷等缺陷，对陶瓷部件的性能产生不利影响。然而目前完全脱除聚合物并避免坯体缺陷仍是一大挑战。脱脂过程可控的前提是实现脱脂过程有机物热解过程的可控，即实现热脱脂动力学及坯体内各物理场（压强、温度、应力等）的精准预测。在此基础上，探索快速、低成本、少缺陷乃至无缺陷的热脱脂工艺智能优化方法，这对于提高凝胶注模陶瓷材料制备过程的可靠性具有重要的现实意义。

本书内容共5章，第1章主要介绍凝胶注模制备陶瓷材料研究进展，第2章介绍热脱脂过程中陶瓷生坯的热物性演变规律，第3章介绍凝胶注模 SiAlON 陶瓷生坯热脱脂动力学理论基础，第4章和第5章介绍生坯热脱脂过程中的热-流-固多物理场耦合数学模型的构建及仿真。

本书的出版要特别感谢中国工程院张文海院士、中南大学张传福教授，江西理工大学黄金堤副教授的指导。本书中的科研成果获得了江西理工大学高层次人才科研启动项目（项目号：205200100517）和江西省教育厅科学技术研究项目（项目号：GJJ200848）的资助，在此一并表示衷心的感谢。

　　由于本书内容涉及胶态成型、热分析动力学及多孔介质渗流传质传热等多学科交叉理论，极为复杂，加上作者水平有限，书中若存在不足之处，敬请广大读者批评指正。

李　静

2023 年 3 月

目　　录

1 凝胶注模制备陶瓷材料导论

高温结构陶瓷（如 SiAlON、Si_3N_4、Al_2O_3 等）具有优异的综合性能，如高硬度、耐腐蚀和高化学稳定性等，使其在航空航天、军工等尖端领域备受关注。目前对于高温结构陶瓷材料而言，除改善其本质性脆的缺陷外，提高其可靠性和实现复杂形状陶瓷部件的低成本制备也是其未来发展的重要方向之一，这也是制约其进一步推广应用的关键技术问题[1-3]。

近年来，伴随着科技的飞速发展，各应用领域对陶瓷构件的性能、形状复杂度、尺寸精度均提出了更高的标准。而传统的干粉压制成型技术，往往存在加工难度大、成本高，且在后续机械加工中易引起微裂纹等新缺陷的问题，限制了其使用范围。常用的胶态成型技术，如注浆成型、注射成型，在制备过程中存在坯体尺寸收缩率高，且坯体在干燥、脱脂过程中极易出现开裂、变形甚至坍塌等缺陷问题，严重降低了陶瓷材料生产制造的可靠性[1]。解决该类问题的关键途径是在实现复杂形状陶瓷部件近净成型的同时，尽可能减少成型过程中的坯体缺陷，并降低生坯、烧结体的加工成本[1]。因此，新兴的凝胶注模成型技术，因其工艺简单、坯体强度高、易于深加工、收缩形变小等一系列优势，引起学者们的广泛关注[4-10]。

经过近 30 年的不断发展，凝胶注模成型技术虽已成功在陶瓷领域实现工业化，但仍存在不少问题有待解决。例如，传统的丙烯酰胺/N,N'-亚甲基双丙烯酰胺（AM/MABM）凝胶体系研究较为成熟且已成功在工业生产中得到应用。然而，AM 单体具有神经毒性，其半数致死量（LD50）为 177mg/kg[3]，是一种致癌物质和生殖细胞诱变剂，对人类健康和环境造成极大威胁。因此，开发新型环保凝胶体系，即低毒或无毒有机单体和一些环保大分子[3, 11-13]，例如本书使用的 N,N-二甲基丙烯酰胺（DMAA），其 LD50 为 466mg/kg[14]，毒性仅为 AM 的 38%，并实现其工业化应用迫在眉睫。同时，成型阶段易产生气孔、内应力缺陷，干燥、脱脂工艺控制不当，易形成坯体翘曲、开裂缺陷。然而，目前凝胶注模成型过程中坯体缺陷的形成机制及有效控制方面的研究相对较少，特别是针对热脱脂过程中复杂聚合物热解动力学及热解产物在多孔生坯介质中的热质传递机理方面的研究尤为不足。

1.1　凝胶注模成型工艺概述

凝胶注模成型技术是 1991 年由美国 Oak Ridge 国家重点实验室的金属和陶瓷部门的陶瓷加工组 Omatete 和 Janney 等人发明的一种新型的近净尺寸原位凝固成型技术[15]。该工艺将有机高分子化学与传统粉体成型技术巧妙结合，通过高分子聚合物的三维网络结构将陶瓷粉体颗粒紧密包裹并原位凝固。与传统成型技术相比，凝胶注模成型技术具有工艺简单、坯体结构均匀、强度高、收缩形变小等一系列优势，可用于制备大尺寸、形状复杂且性能稳定的各种陶瓷材料[4-10]。

1.1.1　基本原理

凝胶注模成型技术的原理是将粉体成型技术与有机化学聚合理论巧妙结合，基于有机单体和交联剂的交联反应形成具有较高强度和韧性的三维高分子聚合物网络结构，该网络结构将均匀分散在浆料中的陶瓷粉末颗粒紧密包裹并原位固定，最终获得包含陶瓷粉体颗粒和有机物的复合结构的特定形状陶瓷生坯，具体原理如图 1-1 所示。

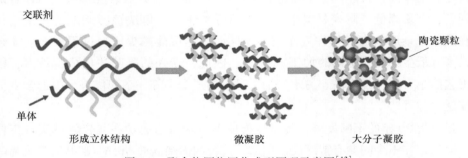

图 1-1　聚合物原位固化成型原理示意图[13]

聚合物原位固化成型过程是基于自由基聚合反应实现的。具体可表示为：由引发剂产生一个活性中心打开单体中的双键，并与之加成，形成单体自由基，继而引发交联剂形成自由基，进一步与单体加成，直至聚合完成。主要包括以下三个基元反应[16]：

（1）链引发，该过程包括引发剂分解生成初级自由基（R·）的吸热反应过程和 R·分别与单体和交联剂反应生成自由基的放热过程。链引发反应作为影响凝胶大分子分子量的主要因素之一，其对整个凝胶化过程至关重要。伴随着引发剂的不断消耗，其生成初级自由基的效率不断降低；并且初级自由基的引发反应阶段易受阻聚效应的影响使其自身失去活性，从而无法继续引发聚合反应。其中具代表性的为"氧阻聚"和"笼弊"效应,前者是由于氧气将所有的自由基钝化成过氧自由基;后者是由于被大量粉末和溶剂包围的引发剂分解出的自由基无法引发单体聚合,甚至通过消解反应转化为稳定的物质,使得部分R·倾向于发生向溶剂或引发剂的转移反应,从而导致其引发效率降低。

(2)链增长,上述产生的自由基与单体持续加成的过程。

(3)链终止,由于两个长链的孤电子之间发生偶合、歧化反应使链增长终止,最终形成高分子聚合物。

1.1.2 工艺流程及特点

凝胶注模成型工艺主要包括如下6个过程:

(1)配置预混液。将一定比例和含量的单体、交联剂和分散剂置入水溶液(去离子水)或非水溶液(醇类或酮类等)制备预混液。

(2)悬浮浆料制备。将混合粉末加入预混液中并经过真空球磨等工艺在保证浆料混合均匀的情况下除去悬浮液中的气泡。

(3)注模。在悬浮浆料中加入一定比重的引发剂、催化剂,促使单体发生聚合反应,并不断搅拌,混合均匀后注入特定形状的模具。

(4)凝胶化过程。在一定温度和时间下保证单体充分凝胶化,该过程中料浆的黏度急剧升高,继而陶瓷颗粒被原位固化形成湿坯。

(5)脱模。湿坯在特定温湿度条件下,干燥脱模形成特定形状的陶瓷生坯。

(6)脱脂和烧结。通过热降解等方式去除坯体中的高分子聚合物,并烧结获得致密陶瓷烧结体。

凝胶注模成型工艺流程如图1-2所示。

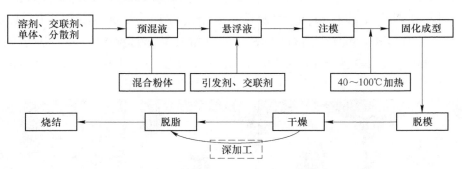

图1-2 凝胶注模成型工艺流程图[1]

由上述可知,凝胶注模成型工艺包括以下3个关键技术问题。

(1)在保证高固相浓度的前提下尽量降低浆料的黏度,这也是制备高强度生坯的关键。这一关键问题可依据介质中粉体颗粒的稳定机制,基于不同陶瓷粉体颗粒在给定介质中的胶体特性（如 Zeta 电位等），通过合理调节浆料的 pH 值、加入适量的分散剂等手段来解决[17]。

（2）陶瓷料浆的凝胶化可控。在浆料的凝胶化反应过程中，引发剂、催化剂/固化剂含量、温度等因素都直接影响浆料的凝胶化。凝胶化过程不仅影响生坯强度和最终烧结性能，还会影响工作效率。当单体开始聚合时，浆料的黏度会迅速增加。因此，可通过黏度随时间的变化规律确定凝胶点，目前已有诸多文献报道。如 Morissette 和 Lewis 等人[18]基于应力黏度测定法和振荡测量技术，获得水基氧化铝-聚乙烯醇（PVA）悬浮液与有机钛酸酯偶联剂交联的化学流变特性。Babaluo 等人[5]研究了水基氧化铝-有机单体悬浮液的流变性能。研究发现氧化铝粉末导致悬浮液的活化能降低，凝胶化时间显著降低。Potoczek[19]报道了陶瓷填料对凝胶体系聚合速率的影响，并指出具有恒定甲基丙烯酰胺（MAM）- N,N'-亚甲基双丙烯酰胺（MBAM）体积分数的悬浮液的引发时间随着引发剂/催化剂浓度、温度和固相含量的增加而降低。

（3）干燥及脱脂过程的坯体缺陷可控。环境因素（温度、湿度等）直接影响湿坯的干燥行为和收缩特性。而脱脂过程中，随着凝胶的不断热降解，聚合物的三维网络结构受到破坏，导致坯体强度持续下降。同时脱脂过程中若脱脂工艺不合理易产生大量孔洞、裂纹等坯体缺陷。因此，在脱脂过程中需考虑凝胶聚合物在不同温度和升温速度等条件下的热解速率及坯体内压力、应力等的变化情况，尽量避免坯体缺陷的形成。

相较于其他胶态成型技术，凝胶注模具有如下优势。

（1）适用性广。在适宜的溶剂和凝胶体系条件下，凝胶注模技术对粉体特性几乎无特殊要求。目前该成型技术已成功应用到各种陶瓷材料的近净尺寸制备，如 SiAlON[20]、多孔 Si_3N_4[17]及锆钛酸铅（PZT）[7]、Al_2O_3[21]、Ti_2AlC 泡沫[22]、Al_2O_3-ZrO_2-MgO 尖晶石[23]等各种单相或复合材料[6, 24]及各种硬质合金[25-26]部件。图 1-3 给出了凝胶注模成型的 SiAlON 和多孔 Si_3N_4 陶瓷部件的生坯图片。

(a)　　　　　　　　　　　　　　　　　　(b)

图 1-3　凝胶注模成型的多孔 Si_3N_4[17]和 SiAlON[20]陶瓷生坯

(a) 多孔 Si_3N_4；(b) SiAlON

（2）可实现各种形状复杂的材料部件（陶瓷、金属等）的近净尺寸成型。该工艺中浆料具有很好的流动性（通常黏度小于 1.0Pa·s，固相体积分数大于45%），可基于模具形状充分填充，所制备的生坯密度均匀、气孔等坯体缺陷少、凝胶含量低、干燥脱脂或烧结过程中形变收缩率低；同时生坯强度通常较高，可根据实际需求进行深加工（如车、铣、刨等）。

（3）凝胶原位固化浆料可控。通常浆料的凝胶化反应时间较短（5～60min），可通过调整凝胶化温度、引发剂/催化剂含量等方式，实现凝胶化过程可控。

（4）工艺过程简单。与其他传统工艺相比，凝胶注模成型各陶瓷类部件生坯的过程，几乎不涉及贵重设备，成型时间短（5～60min），坯体强度高（>10MPa），有机物含量低（质量分数为3%～10%），对模具材料无特殊要求（模具可有孔或无孔，其材质可为塑料、玻璃或金属等），且易脱模、形变小、生产成本低[1, 16, 27-28]。

1.2　凝胶注模成型技术研究进展

20世纪80年代，Omatete等人[15, 28]最早报道了使用醇类和酮类等有机溶剂凝胶注模陶瓷材料。随后他们通过不断尝试，运用AM有机单体在水基溶液中成功制备了 SiO_2、Si、ZrO_2、Si_3N_4 及 ZrO_2-Al_2O_3 等一系列的单相或复相陶瓷材料，其性能优于传统的干粉压制和粉浆浇铸成型坯体，且已成功在工业生产中得到应用。然而，AM单体具有神经毒性，是一种致癌物质和生殖细胞诱变剂，对人类健康和环境造成了威胁，使其推广应用受到极大限制。目前该技术的研究热点主要集中在低/无毒凝胶体系的研发、各种材料的凝胶注模制备及坯体缺陷控制这三方面。

1.2.1　新型凝胶体系

目前大量文献报道了一系列适用于水基/非水基凝胶注模成型的新凝胶体系，如低毒丙烯酰胺单体的衍生物质，琼脂、琼脂糖和卡拉胶等多糖[29-31]，近期还出现了使用热可逆凝胶体系[32]、传统的黏合剂（如PVA）与呋喃环配对[33]，以及葡萄糖分子的衍生单体[34]等的相关报道。以单体、溶剂或引发剂的性质对新开发的凝胶体系进行分类，如图1-4所示。

1.2.1.1　丙烯酰胺衍生体

低毒或无毒丙烯酰胺衍生单体是替代丙烯酰胺的首选。该类凝胶体系通过单体和交联剂的有机化学聚合反应形成大分子凝胶，因此要求单体（≥1）和交联剂（≥2）含有多个功能团且可溶于相应的溶剂，尤其是对于水溶剂而言，单体至少20%（质量分数）溶于水，且形成的聚合物具有较好的亲水性。同时要求

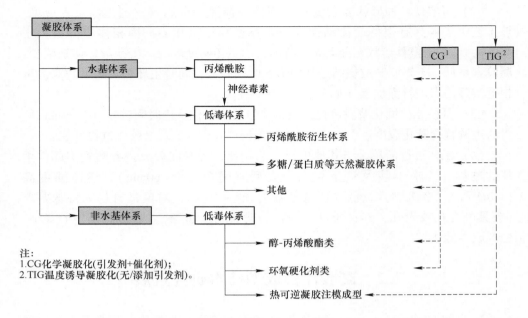

注:
1.CG化学凝胶化(引发剂+催化剂);
2.TIG温度诱导凝胶化(无/添加引发剂)。

图 1-4 凝胶体系分类[13]

单体价格低廉,其所形成的聚合物需具有一定的强度和韧性,以便于工业化推广应用。Janney 等人[28]从 150 多种体系中遴选出了十几种性能最佳的凝胶体系,主要为丙烯酸酯、丙烯酰胺、乙烯基和烯丙基官能团等[12]。

上述低毒体系中最常用的两种单体为甲基丙烯酸-2-羟乙酯（HEMA）和 MAM,与之相应的交联剂为 MBAM 或聚（乙二醇）甲基醚甲基丙烯酸酯（MPEGMA）,引发剂和催化剂分别为过硫酸铵（APS）和 N,N,N',N'-四甲基乙二胺（TEMED）。Potoczek 等人[35]研究指出当这些体系用于凝胶注模时,单体与交联剂的比例决定了聚合物的分子量;对于聚乙二醇二甲基丙烯酸酯（PEGDMA）,单体与交联剂的比例为 3:1 足够,而对于 MBAM 需高达 6:1,单体含量为悬浮液总重量（质量分数）的 2%~3%;通过调节引发剂/催化剂的含量控制凝胶化反应（<500s）。

此外,本书采用的 DMAA/MBAM 凝胶体系应用也相对广泛[17,36-38]。如 Zhang 等人[36]采用 DMAA/MBAM 凝胶体系,以 APS 为引发剂,成功制备氧化锆增韧氧化铝（ZTA）复合材料,当悬浮液固溶度（体积分数）为 50%、DMAA 含量（质量分数）高于 10%时,ZTA 生坯的抗弯强度可达 20MPa。Chen 等人[39]基于 DMAA/MBAM 凝胶体系成功注凝成型羟基磷灰石,生坯的密度为 1.621g/cm³、抗压强度为 32.6MPa±3.2MPa,最终烧结体的力学性能明显优于基于 AM/MBAM 凝胶体系制备的样品。

近期异丁烯-马来酸酐聚合物（商业上称为 ISOBAM）作为一种新型的凝胶体系，受到国内外学者的极大关注[40-41]。ISOBAM 作为水基凝胶体系，无毒环保，且仅需少量添加（质量分数小于 1%），即可获得很好的坯体性能；同时该聚合物易通过热降解脱除，ISOBAM 可充当分散剂和胶凝剂，在室温环境即可固化成型，因此这种简单的胶凝体系对于陶瓷的凝胶注模成型极具吸引力。研究认为 ISOBAM 的凝胶化反应基于以下两种机制：（1）ISOBAM 的官能团与陶瓷表面颗粒之间的离子相互作用，即氢键；（2）桥接机制，颗粒表面的 ISOBAM 分子被吸附到相邻颗粒未覆盖表面。迄今为止，异丁烯-马来酸酐已成功应用于多种致密氧化物陶瓷、多孔非氧化物陶瓷的制备。如 Yang 等人[42]首先使用 ISOBAM 的无毒、水溶性聚合物，开发了一种凝胶注模 Al_2O_3 陶瓷的简单新型工艺。据报道仅需要少量的 ISOBAM（质量分数为 0.3%），并且不需要引发剂和分散剂，即可成功制备高固相含量（体积分数为 50%）的 Al_2O_3 浆料；料浆的胶凝速率随固相浓度的增加而增加，而随 ISOBAM 含量的增加而降低，典型的凝胶化时间约为 38min。Du 等人[43]采用 ISOBAM（质量分数为 0.7%）作为凝胶剂、分散剂，采用短链表面活性剂没食子酸正丙酯（n-Propyl gallate，PG）作为发泡剂，通过直接发泡法，成功制备出孔隙率高于 90% 的 Si_3N_4 陶瓷泡沫。Xing 等人[44]采用异丁-烯马来酸酐聚合物，成功水基注凝成型 SiC 陶瓷，ISOBAM 添加量（质量分数）仅为 0.3%，其制备的固相含量（体积分数）为 55% 的生坯密度可达 1.94g/cm^3。

1.2.1.2 多糖和蛋白质等环保大分子

多糖和蛋白质等天然大分子通常环境友好，且具有优异的凝胶特性。近年来，开发多糖和蛋白质等天然大分子作为凝胶剂，已成为凝胶注模成型技术的重要发展方向之一[11]。多糖通常来自天然植物、种子、海藻等，是糖苷键连接的单糖或二糖的重复单元组成的具有一定支化度的线性结构天然大分子。多糖凝胶化过程通常被称为温度诱导凝胶化或热凝胶化过程。多糖凝胶体系通过柔性线圈的相互渗透、刚性棒状结构间的弱结合、链间三级结构的形成等不同机制，在溶液中相互作用形成凝胶[13]。目前应用最广泛的多糖为卡拉胶[30-31]、琼脂、琼脂糖[29]和壳聚糖[45]等。Santacruz 等人[30]采用卡拉胶和琼脂，成功凝胶注模 Al_2O_3 陶瓷，获得的生坯密度约为理论值的 55%，抗弯强度约为 4.5MPa。Johnson 等人[45]以 2,5-二甲氧基-2,5-二氢呋喃（DHF）作为凝胶剂，研究了壳聚糖之间的交联反应，确定了聚合温度（60~80℃）、pH 值（约 1.0）和 DHF 含量（约 25mmol/L）等最佳工艺条件，并应用到组织支架的凝胶注模制备。Akhondi 等人[46]报道了适用于 Al_2O_3-ZrO_2-Y_2O_3（AZY）注凝成型的低毒海藻酸钠单体。通过将海藻酸钠溶解于水中，并与二价金属（例如 Ca^{2+}）反应诱导凝胶化，形成三维（3D）网络结构包裹纳米颗粒。Bednarek 等人[34]开发了一种用

于凝胶注模 Al_2O_3 陶瓷的新型葡萄糖单体（命名为3-O-丙烯酸-D-葡萄糖）。该葡萄糖单体含有多个羟基，可以通过氢键连接而无须额外交联剂，在室温下添加少量引发剂即可凝胶化，胶凝化时间仅为 10min。制备的生坯、烧结体的密度分别为理论密度的 60% 和 99%。与 HEMA 相比，该单体表现出更好的凝胶特性。Xu 等人[47]采用可得然胶多糖凝胶体系成功制备氧化铝悬浮液。Munro 等人[48]以琼脂为凝胶剂成功注模制备钛酸钡陶瓷，获得的生坯密度高达理论值的 53.2%。图 1-5 列出了相关研究中采用多糖凝胶体系制备的复杂形状生坯的图片。

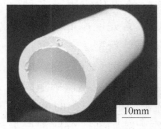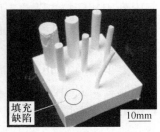

图 1-5　采用多糖凝胶体系制备的复杂形状的生坯[3, 47-48]

蛋白质凝胶化过程为：球状蛋白质溶于水中加热至 70~80℃，氢键断裂使蛋白质形成 3D 亚稳定结构，然后通过氨基酸侧链的分子间相互作用形成凝胶大分子。然而，该过程受辐射、温度、pH 值及添加溶剂（盐、尿素等）等条件的影响，易导致蛋白质变性。Lyckfeldt 等人[49]采用不同类型的蛋白质成功注凝成型氧化铝、氧化钇稳定的 ZrO_2 和氮化硅陶瓷，但是在制浆期间必须添加额外的消泡剂，从而避免形成泡沫。近期，Lombardi 等人[50]报道了以天然明胶作为凝胶体系，以商业聚乙烯球为成孔剂，成功制备孔隙率（体积分数）为 40%~50% 的多孔氧化铝、氧化锆陶瓷。

然而，天然胶凝剂通常具有较高的黏度，导致所制备浆料的固溶度较低，因而生坯密度也通常很低；同时其在凝胶化过程中存在发泡倾向，需添加消泡剂；此外，大多数天然胶凝剂具有高亲水性和吸收性，因此对温度和湿度等条件要求严苛。

1.2.1.3　非水基凝胶体系

除上述水基凝胶体系外，还针对易水解的非氧化物、金属复合物的凝胶注模制备，开发了大量非水基凝胶体系。目前，常用的非水基凝胶体系主要采用含有丙烯酰胺、丙烯酸和乙烯基等官能团的单体，采用具有不同链长的醇、醚和烯酮类等作为溶剂，如图 1-6 所示。

此外，Zhang 等人[4]使用三羟甲基丙烷三丙烯酸酯（TMPTA）作为单体，己二醇二丙烯酸酯（HDODA）作为交联剂（TMPTA：HDODA = 3：5），在辛醇

中成功制备致密 B_4C-Al 复合材料。单体添加量（质量分数）为 0.5%、固体含量（体积分数）为 55%、凝胶化时间小于 530min，所制备生坯的密度为理论密度的 64%、抗弯强度为 21MPa。Xue 等人[8]采用山梨醇聚缩水甘油醚（SPGE）（一种非常类似于环氧剂的单体）和四乙烯五胺为硬化剂（交联剂），室温下在乙醇溶剂中注凝成型 AlN 陶瓷片，生坯的密度为理论密度的 63%，烧结体完全致密且其抗弯强度可达 350MPa。

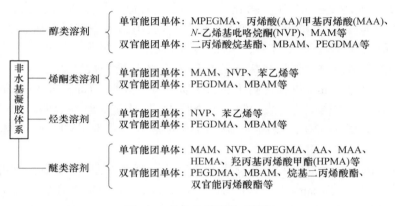

图 1-6　非水基凝胶体系[12]

最近报道了一种新型的热可逆凝胶注模成型技术（TRG）[32, 51]。该技术采用含有聚甲基丙烯酸甲酯（PMMA）端嵌段、聚丙烯酸正丁酯（PnBA）或聚丙烯酸叔丁酯（PtBA）中间嵌段的三嵌段聚合物作为凝胶系统。在较窄温度范围内，该三嵌段聚合物可实现快速液固转变，与多糖凝胶体系相比显著降低了凝胶化时间。在临界胶束温度（60℃）以上，末端和中间嵌段都能很好地溶于溶剂，形成流动液相。低于该温度，末端嵌段聚集成胶束，而中间嵌段溶于溶剂。若温度进一步降低，则胶束经历玻璃化转变，端嵌段形成弹性凝胶。如 Shanti 等人[52]报道了采用该凝胶体系，以戊醇为溶剂，成功制备出氧化铝陶瓷。单体含量（质量分数）低于 5%，生坯及烧结体的密度分别为理论密度的 60% 和 97%，生坯的拉伸强度为 2.5MPa。

总之，目前低毒 MAM、HEMA、DMAA 已被证明是与 AM 最接近的单体；尽管多糖无毒环保，但通常凝胶化时间较长，PVA 和三嵌段聚合物等新凝胶体系具有很好的应用前景。

1.2.2　凝胶注模在陶瓷材料成型中的应用

近年来新兴的凝胶注模成型技术因具有工艺简单、成型陶瓷生坯的微观结构均匀、强度高、有机物含量低等一系列优势被广泛用于各种致密、多孔陶瓷材料的制备[53-54]。

1.2.2.1 单相/复合致密陶瓷

凝胶注模技术自发明以来主要用于致密陶瓷材料的制备，目前已成功应用于制备如 Si_3N_4 [55]、SiAlON[20]、钇铝石榴石（YAG）[41]、ZrO_2 [56]、SiC[57]、Al_2O_3 [58]、$MgAl_2O_4$ [59]、ZrB_2-SiC[10]、ZTA[36]、β-$Si_4Al_2O_2N_6$-SiO_2 [60]、Al_2O_3-ZrO_2-$MgAl_2O_4$ [23] 及 YAG-ZrB_2-SiC（YZS）[6] 等各种单相、复合致密陶瓷材料。同时，凝胶注模技术也成功应用于压电（PZT）陶瓷[61-63]、透明陶瓷[64-66]、半导体陶瓷[67]及复杂形状陶瓷部件等[68]的制备。如 Xie 等人[61]使用乙内酰脲环氧树脂和 3,3'-二氨基二丙胺（DPTA）胶凝体系，采用改进的凝胶注模技术，制备了微尺度压电陶瓷。分析表明乙内酰脲环氧树脂的最佳浓度（质量分数）为 20.0%，成功获得横向尺寸约为 8μm、纵横比高于 5 的优质压电柱阵列。Chen 等人[64]通过将低压过滤引入凝胶注模工艺，成功制备了透明 Al_2O_3 陶瓷。结果表明，加压过滤可使干燥时间缩短 27.3%，提高了预烧结体的密度，减少了陶瓷烧结体的孔隙缺陷。

近期，部分学者提出采用凝胶注模成型技术制备 SiAlON 陶瓷，取得了一定进展[20,60,69-70]。如 Jamshidi[20]和 Liu[69]等人以 Syalon 050 为原料，使用乙二醇二缩水甘油醚（EGDE）作为环氧树脂，聚丙烯酸铵（NH_4PAA）为分散剂，双（3-氨基丙基）胺为硬化剂，成功制备 SiAlON 陶瓷。报道的浆料固溶度（体积分数）为 44.5%，生坯密度为 $2.04g/cm^3$，烧结体的抗弯强度为 295.2GPa ± 38.1GPa。Ganesh 等人[60,70]以 α-Si_3N_4、α-Al_2O_3、AlN 和 Y_2O_3 为原料，以 MAM 和 MBAM 为单体和交联剂，以 Dolapix A88（氨基醇）为阳离子分散剂，水基凝胶注模成型 β-SiAlON 陶瓷生坯，浆料的固溶度可达 48%~50%，断裂韧性为 $3.30\sim3.95MPa \cdot m^{1/2}$。对于本书涉及的 SiAlON 陶瓷，近期部分学者提出采用凝胶注模成型技术进行制备，并取得了一定进展[20,60,69-70]，报道的生坯结构均匀，最高密度为 $2.12g/cm^3$，最大固相含量（体积分数）约为 50%、生坯强度大于 20MPa，烧结体抗弯强度为 334MPa。图 1-7 列出了几种采用凝胶注模技术制备的致密陶瓷微观形貌。

1.2.2.2 多孔陶瓷

凝胶注模法可与直接发泡法（颗粒稳定泡沫法[71]、表面活性剂法[71]等）、冷冻法[72-73]、牺牲模板法[74-75]和复形法[76]等各种成孔法相结合，成型坯体结构较为均匀，已广泛用于大孔径、微孔径多孔陶瓷材料的制备[50,53,77-79]。如 Yang 等人[71]基于短链两亲化戊酸，采用凝胶注模制备颗粒稳定泡沫的微米级 Al_2O_3 多孔陶瓷。结果表明，多孔陶瓷的孔隙率可达 0.85，与通过使用长链表面活性剂制备的常规多孔陶瓷相比，该方法制备的多孔陶瓷的开孔率较小；与传统多孔陶瓷相比，其液-气界面上的部分疏水颗粒使得多孔陶瓷孔窗口的边界更为

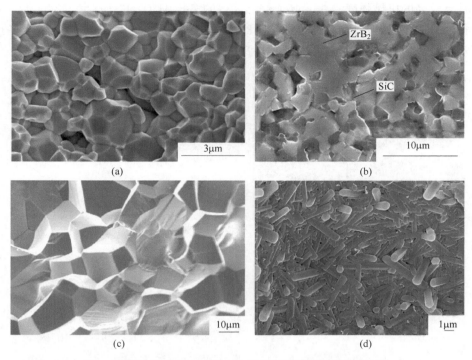

图 1-7　凝胶注模成型的致密陶瓷材料的微观结构[20, 61, 64]

（a）PZT 压电陶瓷；（b）YZS 陶瓷；（c）透明 Al_2O_3 陶瓷；（d）SiAlON 陶瓷

清晰。Fukushima 等人[72, 73]采用冷冻凝胶注模法，制备了具有超高孔隙率、单向取向的微米级 SiC 多孔陶瓷。研究结果表明，在 -10~70℃ 的冷冻温度下，孔尺寸从 34μm 增大至 147μm，烧结体横截面的孔个数为 47~900 个/mm^2，总孔隙率为 86%，透气性为 $2.3×10^{-11} ~ 1.0×10^{-10} m^2$，与计算出的理想渗透率相同。Wu 等人[9]开发了泡沫-凝胶注模-冷冻干燥法，并成功制备了多孔 Y_2SiO_5 陶瓷，其具有 92.2%~95.8% 的超高孔隙率且各向同性的多孔结构；制备的多孔样品在脱模和干燥过程中的收缩率非常低，仅为 0.8%~1.9%，导热系数仅为 0.054~0.089W/（m·K）。

部分学者通过添加可以分散和溶解于水基悬浮液的有机聚合物的方法，使陶瓷体内的孔隙细小且分布均匀，从而获得具有亚微米级细孔的微孔陶瓷。如 Yu 等人[80]仅通过增加陶瓷悬浮液中的单体含量（AM 和 MBAM），而不添加其他有机物的方法，成功胶凝成型高性能多孔 Si_3N_4 陶瓷。该多孔 Si_3N_4 陶瓷的孔径小于 1μm，抗弯强度、孔隙率分别高于 130MPa 和 50%。Yang 等人[81]采用水基环氧树脂凝胶注模制备亚微米级多孔 Al_2O_3 陶瓷。结果表明，制备的多孔 Al_2O_3 陶瓷具有较高的机械强度。在 1400℃ 烧结获得的多孔 Al_2O_3 的开孔率为 37.0%，平均孔径为 355.4nm，其抗压强度可达 182.8MPa。图 1-8 给出了几种凝胶注模多孔陶瓷的微观形貌。

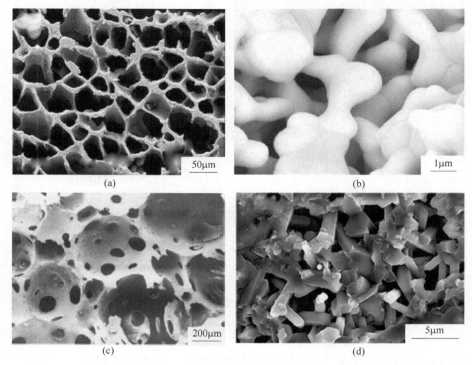

图 1-8　凝胶注模成型的多孔陶瓷微观结构[9, 17, 71-72]
（a）多孔 SiC；（b）多孔 Y_2SiO_5；（c）多孔 Al_2O_3；（d）多孔 Si_4N_3

1.2.3　凝胶注模坯体缺陷控制

　　尽管凝胶注模成型的坯体结构通常比较均匀，但在成型阶段的悬浮液流动过程中常有大量气泡产生，这些气泡最终演化成坯体的气孔缺陷，阻碍后续烧结过程，并形成微裂纹来源，最终降低坯体强度。同时由于温度梯度、引发剂分布等各种因素引起悬浮液非同步凝固，从而形成坯体残余内应力，在后期干燥、脱脂过程中内应力被进一步放大，易引起坯体开裂。此外，大部分凝胶体系（如 AM/MBAM 等）的凝胶化过程是一种自由基聚合反应，在空气中易出现生坯表面剥落现象，从而影响生坯的性能（如强度等）。若干燥和脱脂工艺不恰当，坯体内水分和热解气体产物积聚导致压力过大，易形成翘曲、开裂缺陷。目前，针对凝胶注模成型过程中坯体缺陷（气孔、龟裂、内应力等）的形成机制及有效控制方面的主要研究进展如下。

1.2.3.1　气孔缺陷控制

气孔是凝胶注模成型过程中常见的坯体缺陷，分为表面气孔和内部气孔两类。料浆内部气泡逸出至表面并固化形成表面气孔缺陷。内部气孔主要是由于过高的浆料黏度或充填速度，导致悬浮液中的气泡无法完全排出，注模中随料浆一起滞留于坯体内部形成圆孔[82]。诸多研究表明[17, 58, 83-86]，气孔缺陷可通过选择合适的分散剂（聚丙烯酸铵盐、聚丙烯酸或柠檬酸铵等[87]）降低悬浮液的黏度以利于气泡的排出。也可通过化学消泡法（添加消泡剂如异辛醇、异戊醇等）、物理消泡法（磁力搅拌、离心、真空或辐射等）消除悬浮液内残存的气泡。

1.2.3.2　避免表面剥落

美国橡树岭国家实验室[15, 88]首先报道了采用 AM/MBAM 凝胶体系在空气中制备 Al_2O_3 陶瓷过程中，由于氧气阻碍单体的聚合，生坯表面形成几毫米厚的粉末固化层，易出现起皮和剥落现象，从而降低生坯强度并使得坯体尺寸难以精准控制。后来发现在氮气气氛下或消除温度梯度可以抑制"氧阻聚"[89-90]，从而防止坯体表面剥落，但是引入氮气增加了生产的复杂性和生产成本。Ma 等人[91-92]通过将水溶性聚合物（例如聚合物聚乙二醇（PEG）、聚丙烯酰胺（PAM）或聚乙烯吡咯烷酮（PVP））引入 AM 的凝胶体系来解决坯体表面剥落问题，均取得了良好效果[53]。

1.2.3.3　内应力控制

Huang 等人[68]研究发现内应力可追溯到成型阶段，由于悬浮液内外热量传递不均形成的温度梯度，或凝固剂的浓度分布不均使得悬浮液无法同步凝固，因此坯体各区域之间存在应力梯度，在随后的干燥和脱脂阶段，由于坯体进一步收缩，因此其内部应力继承并放大。张立明等人[82]发现，脱模后的湿坯在干燥脱水及后期有机物脱除阶段，坯体的表面和内部都容易开裂，尤其是对于大尺寸形状复杂的凝胶注模陶瓷坯体，这种现象尤为突出。因此，可认为成型、干燥和脱脂过程中坯体内部的应力梯度是翘曲、开裂等坯体缺陷的主要来源[53, 84, 93]。因此，实现成型、干燥和脱脂阶段中坯体内应力的有效释放和控制至关重要，这可通过添加增塑剂或缓和剂，改进成型、干燥和脱脂工艺实现。相关研究[92, 94]表明，在凝胶注模成型过程中，可通过温度诱导或调节引发剂、催化剂等的含量以提高固化速率、缩短凝胶化时间，从而减少陶瓷生坯内应力。此外，Zhao 等人[95]指出，通过在凝胶系统中引入可溶性离子杂质，影响引发剂的分解，进而控制其凝胶化过程。研究表明引入的 Cu^+ 加速了引发剂 APS 的分解，使悬浮液中存在一定的 Cu^+ 和自由基浓度梯度；在高离子浓度区，悬浮液固化并形成收缩中心，使得后续凝固区的收缩受到限制。Yang 等人[96]研究表明，通过在悬浮液中添加适量的增塑剂或缓和剂（如丙烯酸羟乙酯等），提高了聚合物网络结构的灵活性，从而减少成型过程中形成的内应力。

在生坯中引起内应力的另一个原因是干燥期间的坯体非对称收缩[96]。为了控制收缩率，湿坯通常在特定温度、湿度下缓慢干燥，这将延长干燥时间从而大大提高了生产成本。鉴于此，部分学者提出通过提高凝胶强度、韧性、添加干燥剂等方法，使湿坯在干燥过程的内应力最小化。如 Yu 等人[97]研究了单体含量（AM）和单体比例（AM：MBAM）对 Si_3N_4 陶瓷生坯干燥过程中翘曲率、收缩率和抗弯强度的影响。结果表明，通过适当调节单体含量和比例，可以使坯体的翘曲、收缩变形最小化，从而减少内应力。Barati 等人[93]提出采用液体干燥剂干燥方法（PEG1000 的水/非水溶液）尽量减小甚至完全消除湿坯干燥过程的形变和收缩。

目前针对热脱脂过程中的开裂、翘曲及残余内应力问题，即本书的研究重点，主要通过研究脱脂动力学、制定合理的脱脂工艺等方法，寻求避免或消除热脱脂过程带来的该类缺陷[25-26, 98]。后文综述了脱脂工艺及其坯体缺陷控制的研究进展。

1.3　脱脂工艺研究进展

黏结剂或聚合物的脱除是所有胶态成型技术的一个关键阶段。如上所述，脱脂过程中，有机物脱除导致坯体强度降低，同时易在坯体内产生较高的应力梯度从而形成微裂纹、开裂、膨胀甚至坍塌等微观或宏观缺陷。同时该阶段产生的缺陷都将遗传到烧结过程，使这些缺陷进一步放大。此外，若聚合物脱除不彻底，部分残留碳对最终烧结部件的力学、光学、热学或电子等性能产生不利影响。为了防止黏结剂或聚合物脱除过程的变形、开裂等缺陷及残留碳污染，在工业中通常采用极慢且长时间保温的热脱脂工艺，这导致生产成本进一步提高。

目前广泛采用的聚合剂或黏结剂的脱除工艺，主要有热脱脂[99-100]、溶剂萃取脱脂[101-102]、虹吸热脱脂[103-104]、催化脱脂[105]和综合脱脂[100]五大类。凝胶注模制备的生坯，通常有机物含量少，可通过热降解顺利脱除；同时热脱脂工艺简单、易于控制，易实现脱脂、烧结一体化，成为目前凝胶注模成型技术采用最广泛的脱脂方法[26, 82]。

1.3.1　脱脂工艺

1.3.1.1　溶剂脱脂
溶剂脱脂依赖于聚合物在溶剂中的选择性溶解，并形成开孔多孔网络来实现[106-107]，具体脱脂过程如图 1-9 所示。以广泛用于萃取低分子量聚合物（蜡）

的溶剂——正庚烷为例，Angermann 等人[108]研究指出，脱脂时间随着坯体厚度的增加和粉体粒径的减小而增加。同时还发现溶剂萃取的温度控制至关重要，温度过低，溶剂扩散速度过快，易导致生坯膨胀、开裂；温度过高，聚合物骨架软化从而导致坯体坍塌。与热脱脂相比，溶剂萃取脱脂时间大大缩短，但存在工艺复杂、坯体易形变、溶剂无法循环使用等缺点。常见的溶剂脱脂方法及其脱脂机理，如图 1-10 所示。

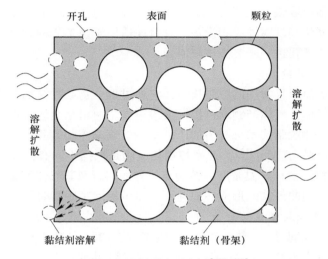

图 1-9　溶剂脱脂示意图[100, 102]

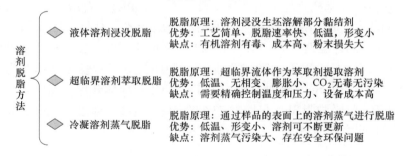

图 1-10　常见的溶剂脱脂方法[106]

1.3.1.2　虹吸脱脂

虹吸脱脂过程是基于液相有机物的毛细现象来实现。在虹吸期间，将坯体部分置于细粉末中，并加热至黏结剂的软化温度，利用毛细管压力将液体聚合物吸入细粉末中，并打开坯体中的孔隙通道。通常使用细氧化铝作为虹吸粉末。虹吸脱脂在缩短脱脂时间、减小坯体形变等方面具有一定优势，但虹吸粉末会导致生坯部分污染，目前应用相对较少[109]。

1.3.1.3 催化脱脂

催化脱脂技术是基于合适的催化剂，使有机大分子解聚为具有高蒸气压的可挥发性小分子，使其从生坯中快速扩散出来[109-110]。催化脱脂是由 Bloemacher 等人首次开发，并应用于粉末注射成型坯体的一步脱脂技术。该工艺常用的黏结体系为聚醛树脂和起稳定作用的添加剂，与之对应的催化剂为硝酸、草酸或其他有机酸等[111]。催化脱脂在气-固界面进行，坯体内无气体生成，可避免内应力的产生；同时脱脂速度快，在界面的反应速率最高可达 4mm/h，应用前景较为广阔。然而酸性催化剂易腐蚀脱脂设备，且目前适用于该工艺的黏结剂体系仅限于聚醛类有机物，需要进一步突破该限制。

1.3.1.4 热脱脂

热脱脂是最简单且常用的脱脂技术，它通过聚合物或黏结剂等有机大分子热降解成小分子气体，气体产物通过扩散或渗透作用逸出至生坯表面，并脱离进入外部环境实现。热脱脂技术可分为加压、微波、速率控制等几种工艺，其中速率控制热脱脂应用最为广泛[112]。速率控制热脱脂是根据不同有机物（聚合物或黏结剂）的热解特性设计升温制度，控制有机物的热解及其气体产物逸出速率，在避免坯体开裂、翘曲等缺陷形成的前提下，尽可能缩短脱脂时间。

1.3.1.5 综合脱脂

目前，综合溶剂/虹吸-热脱脂技术因脱脂周期短、坯体形变小，成为注射成型最为理想的脱脂工艺。如 Ani 等人[100]通过溶剂-热脱脂两步脱脂技术，脱除注射成型 Al_2O_3-ZrO_2 陶瓷生坯中由高密度聚乙烯（HDPE）、石蜡（PW）和硬脂酸（SA）组成的黏结剂。结果表明前期采用溶剂脱脂 41.1%后，继而结合热脱脂（1~2℃/min 的低升温速率），黏结剂的脱除率可高达 96.9%，且几乎无坯体缺陷形成。乔斌等人[113]采用虹吸-热脱脂两步脱脂技术，对黏结剂体系为高密度聚乙烯（LDPE）-PW-SA 的金属注射成型 Fe-Ni-Cu-C 块体开展脱脂过程研究，结果表明在 140℃虹吸脱脂 3h，可脱除 73%的 PW，后续可通过热脱脂去除剩余黏结剂，脱脂时间大幅缩短。

1.3.2 速率控制热脱脂

对于凝胶注模成型技术，由于其悬浮液凝的固化机制与注射成型不同，通过单体聚合形成的有机聚合物不溶于溶剂也不熔融，且成型的坯体中有机物含量少，相关报道主要通过速率控制热脱脂工艺去除坯体中的聚合物[8, 26, 82]。目前针对速率控制热脱脂工艺主要集中在脱脂过程坯体中聚合物的热解特性及热脱脂动力学、坯体的微观结构演变和复杂的传质传热过程三方面的研究。

1.3.2.1 聚合物热解特性及热脱脂动力学

综合采用多种热分析技术，如热重-差热分析法（TG-DTA）、热重-差热分析法（TG-DSC）、热重-傅里叶红外联用技术（TG-FTIR）等，是研究聚合物热稳定性的常用手段[114-115]。张立明等人[82]采用 TG-DSC、TG-FTIR 联用技术，研究了凝胶注模 Al_2O_3 陶瓷生坯中 AM/MBAM 聚合物的热氧化温度区间及气体产物的析出特性。Bednarek 等人[116]通过 DTA/TG/MS 联用技术，研究了采用葡萄糖、果糖与丙烯酰基合成的糖类衍生物作为黏结剂，凝胶注模制备的 Al_2O_3 陶瓷生坯中聚合物的热分解特性及其主要的热解气体产物。除上述热分析技术外，裂解-气相色谱/质谱联用技术（Py-GC/MS）也是研究有机物热裂解特性、裂解产物及推断裂解路径的常用分析检测技术[117-118]。然而，该技术在热脱脂领域的应用尚未见报道。

研究胶态成型坯体的热脱脂动力学，有助于预测生坯的热脱脂行为，为合理的脱脂工艺设计提供理论基础。目前，对于热脱脂过程动力学的研究，主要基于单一反应模型，如 Coats-Redfern 积分方法、Kissinger 方法和 Ozawa 方法，无模型方法（如 Flynn-Wall-Ozawa（FWO）、Kissinger-Akahira-Sunose（KAS）、Friedman）。袁海英等人[26]利用 Coats-Redfern 积分方法研究了凝胶注模制备的铝铜坯体热脱脂动力学，建立了动力学方程。刘春林等人[25]采用 Kissinger 和 FWO 方法，研究了粉末注射成型 WC-10%Ni 生坯中石蜡/聚丙烯（PP）/HDPE 黏结剂的热脱除动力学，获得了基本动力学参数。Belgacem 等人[119]基于 Kissinger 和 Ozawa 方法，估算了粉末注射成型 316L 不锈钢坯体的热脱脂动力学参数（活化能和指前因子）。Salehi 等人[120]基于 FWO、KAS 和 Friedman 方法，研究了热塑成型氧化钇稳定氧化锆（YSZ）陶瓷生坯中硬脂酸/聚苯乙烯黏合剂的燃烧动力学，获得了在氩气、空气两种气氛中进行热脱脂的表观活化能。

目前，分布活化能模型（Distributed Activation Energy Model，DAEM）也是应用较广泛的热解动力学模型之一。DAEM 模型可基于不同加热速率的失重数据获得热解动力学参数，与传统的 Coats-Redfern 积分方法相比，实现了数据处理方式上的重要进步[121]。目前 DAEM 模型主要应用在煤、固体废弃物及生物质等有机化合物的热解动力学研究。Wang 等人[122]采用非等温热重分析方法，采用 DAEM 模型获得了煤的热解动力学参数。Chen 等人[123]采用二阶导数将木质纤维素生物质的热解过程分为三个阶段，并基于三平行分布活化能（three-parallel-DAEM，3-DAEM）模型，获得了半纤维素、纤维素和木质素的平均活化能，分别为 148.12～164.56kJ/mol、171.04～179.54kJ/mol 和 175.71～201.60kJ/mol。然而，目前 DAEM 模型在凝胶注模陶瓷生坯热脱脂动力学研究中的应用，尚未见报道。

此外，不同凝胶体系形成的聚合物具有不同的热解特性，热解过程可能包含复杂的多个反应步骤。而上述单一反应模型，通常难以准确描述存在多个反应阶段的复杂有机物热解过程。在其他领域，该问题可通过采用多峰拟合方法，将复杂热解过程划分为若干反应阶段，并确定每个阶段的最概然热解反应机理函数来解决。Sun 等人[124]采用 Coats-Redfern、FWO 和 Starink 方法研究了桦甸油页岩中有机质的燃烧动力学，发现油页岩燃烧过程受多种反应机制控制，继而采用多级并行反应模型和双高斯分布函数分析和探讨了这种复杂燃烧过程中每个子反应阶段的化学反应机制。然而，目前针对热脱脂过程不同聚合物或黏结剂的热降解反应机理的相关研究鲜有报道。

1.3.2.2　微观结构演变

目前，国内外学者主要综合采用热台偏光显微镜观测、压汞孔隙率测定及扫描电镜微观结构表征等技术，研究脱除聚合物期间，生坯的微观结构演变过程[125-130]。Lewis 等人[130]开展了热台偏光显微镜实验，观测了注射成型陶瓷生坯中的热塑性、热固性聚合物在热脱脂过程中的微观结构变化。Shaw 等人[128-129]通过实验观测了聚合物脱除初始阶段，注塑成型陶瓷生坯内孔隙打开并互相连通的发展历程；并观测到脱脂后期阶段，生坯中的骨架聚合物在毛细管力的作用下重新分布。

1.3.2.3　传质传热机理

近年来，在注射成型坯体热脱脂过程的数学建模仿真领域相继开展了大量理论研究。通过建立生坯热脱脂过程数学模型，研究了聚合物的脱除机理，预测和量化了因热解气体无法及时析出而滞留在坯体内造成的压力和应力问题[131-132]，并设计了避免形成坯体缺陷的聚合物快速脱除工艺制度[133-137]。

Oliveira 等人[132]基于热解动力学、气-液两相平衡热力学和扩散系数模型预测了热脱脂早期坯体内的气压演变规律，该模型经过实验验证表明预测的低厚度样品形成膨胀缺陷的脱脂温度较为可靠。Shi 等人[131]开发了一种基于扩散控制的数学模型，研究了粉末注射成型坯体的热脱脂动力学。模型考虑了聚合物的降解和气液两相在坯体多孔外层中的扩散现象。结果表明聚合物的降解导致坯体内产生很高的压力，以 0.05K/min 的加热速率进行热脱脂，可产生 800kPa 的压力。该模型能够预测脱脂过程中聚合物的剩余含量及脱除时间。German 等人[134]基于蒸气扩散和多孔外层蒸气渗透两种机制，研究了聚合物热脱除过程。分析了样品厚度、粒度、孔隙率和压力梯度对脱脂时间的影响，结果表明脱脂时间与样品厚度的平方成一定比例，并随着孔隙率及压力梯度的增加而缩短。Lombardo 等人[136-137]基于扩散和气体渗透两种传质机制，估算了从陶瓷生坯中去除黏合剂的最小时间加热循环。

Ying 等人[133]基于可变形多孔介质中的传质传热及弹性理论，采用控制体积有限差分和有限元方法，建立了粉末注射成型（PIM）压块热脱脂过程的二维数学模型。该模型包括了聚合物热解、液体流动、气体流动、蒸气扩散和对流及坯体形变等化学反应和传质传热过程。利用该模型分析了脱脂过程中坯体膨胀、变形和破裂的形成机制。Maximenko 等人[135]采用有限元方法，建立了粉末注射成型坯体的热脱脂过程数学模型，利用该模型预测了坯体内部应力分布，并优化了脱脂方案。研究结果表明，低分子量组分热解析出导致黏合剂的溶胀或收缩，而聚合物降解气体由坯体内部向外输运不平衡而产生内应力，造成坯体破裂或变形。Belgacem 等人[119]利用有限元方法，建立了粉末注射 316L 钢坯体热脱脂过程的数学模型，开发了可变形多孔介质中质量扩散和传热耦合数学模型，并利用该模型研究了整个热脱脂过程中坯体内的残余黏合剂浓度、温度和变形等各物理场的分布特性。

1.4　热脱脂工艺优化控制的重要意义

近年来，随着凝胶注模成型技术的日趋发展和成熟，其在高性能结构陶瓷制备领域中的应用受到了学者们的极大关注[3, 20, 138-139]。凝胶注模陶瓷技术的快速发展，使得大量高精度、复杂形状的陶瓷生坯亟须更快速、清洁及低成本的脱脂工艺。然而，目前完全去除聚合物而不引入诸如裂缝、翘曲之类的缺陷仍是一大挑战[116, 140]。因此，开发一种快速有效的从生坯中去除聚合物的脱脂工艺，对于无缺陷结构陶瓷材料的凝胶注模制备至关重要。

热脱脂作为凝胶注模成型技术最常用的脱脂工艺，是通过在气氛炉中控制聚合物的热降解速率来实现的。该过程对速率控制要求极为严格，若设计不合理，坯体内的热应力或残余应力以开裂、坍塌、变形或其他方式损坏陶瓷部件[139]。除该类宏观缺陷外，热脱脂过程中引起的任何微观缺陷在随后的烧结过程中都会被进一步放大，最终影响烧结体的性能。为避免该类问题，通常使用较长的加热周期去除聚合物，但这会降低生产效率，提高成本。

水基凝胶聚合物的热解脱除过程是一个涉及各种物理、化学反应的复杂过程，如图 1-11 所示。热脱脂过程包括了残余水分的扩散/析出、聚合物热降解或氧化反应、固相和气相间的非均相反应、热解气体在生坯已排出孔隙中的热量传递及扩散/对流等过程。若凝胶未完全去除，则残留的聚合物将传递到下一步骤，影响烧结体的最终性能。若去除速率过快，脱脂过程中产生的大量热解挥发分气体快速释放，则易造成坯体中产生诸如大量空隙和裂缝等缺陷，这些缺陷也将会进入下一工序，影响陶瓷颗粒间烧结颈的形成，进而影响烧结过程中陶瓷部件的微观结构。合理的热脱脂工艺制度是精准控制聚合物的热解过程，并确保在不引入坯体缺陷的前提下完全脱除的关键。

因此，研究水基凝胶体系的热降解动力学，掌握脱脂过程中生坯内的温度梯度、孔隙压力及应力等的分布特性，将有助于精准预测凝胶注模陶瓷生坯的热脱脂行为，并为有效抑制坯体内部缺陷的形成提供理论基础、算法原型及计算工具，具有重要的理论意义和工业应用价值。

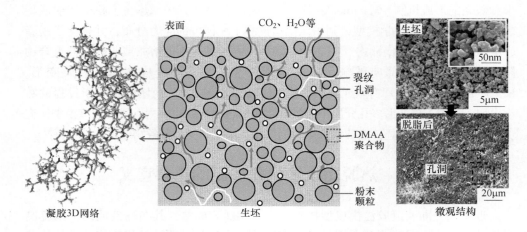

图 1-11 热脱脂过程中的非均相反应及传质传热过程示意图

2 热脱脂过程中生坯的热物性演变规律

2.1 概　述

作为一种低毒单体，DMAA 在各种陶瓷材料的凝胶注模制备领域备受关注。目前已成功应用于多孔 Si_3N_4 陶瓷[17]、ZTA 复合材料[36]、ZrO_2[37]、SiO_2[14]、Al_2O_3[21, 58] 和 AlN[141] 等多种陶瓷材料的制备，据报道所制备的生坯均表现出优异的力学性能。Yin 等人[17]采用 DMAA 单体成功水基凝胶注模制备出固相含量（体积分数）为 36% 的多孔 Si_3N_4 陶瓷，其生坯抗弯强度可达 26~46.3MPa。

作者采用 DMAA 单体、MBAM 交联剂、NH_4PAA 分散剂、TEMED 催化剂及 APS 引发剂；以 Si_3N_4、Al_2O_3、表面改性 AlN（M-AlN）为原料，Y_2O_3 和 Ce_2O_3 为烧结助剂，成功制备出 SiAlON 陶瓷[142]，工艺过程如图 2-1 所示。具体制备工艺流程为：首先，以去离子水为溶剂配置预混液（DMAA 和 MBAM 的含量（质量分数）为预混液总重量的 12.4%，DMAA∶MBAM =（10~20）∶1，NH_4PAA 含量（质量分数）为 0.5%~1.0%），使用氨水（$NH_3 \cdot H_2O$）调节预混液 pH 值至 11 左右。然后将 22.5g Si_3N_4、2.0g Al_2O_3、0.9g Y_2O_3 及 1.8g Ce_2O_3 粉末添加到预混液中经机械搅拌、超声波震荡配置悬浮液，固溶度（体积分数）为 40%~46%。然后经行星式球磨机球磨 8h（氧化锆球，球磨速率 250r/min），取出氧化锆球并加入 2.8g 表面改性 M-AlN，球磨机空转 30min 后，在浆料中添加质量分数为 1.0% 的 TEMED 和 APS。将浆料注入塑料模具，在室温下放置直至凝胶体系充分聚合后固化脱模（<5min）。其次，将脱模后的湿坯移至温湿度箱中，在控制的特定温湿度条件下干燥（干燥分两步进行，首先在温度为 40℃，相对湿度为 98% 的温湿度试验箱干燥 24h，然后在 70℃ 的干燥箱中干燥 20h），从而避免由于快速干燥而坯体开裂和不均匀的收缩，获得后续热分析实验所需的凝胶注模 SiAlON 生坯。最后，脱脂后经常压烧结获得致密 SiAlON 陶瓷。

在研究过程中发现 DMAA 与 MBAM 比值对生坯的抗弯强度和微观形貌影响显著。图 2-2 和图 2-3 所示分别为 DMAA 与 MBAM 比值对生坯抗弯强度和微观形貌的影响。由图 2-2 可知，随着 DMAA∶MBAM 从 20∶1 降低至 10∶1，生坯的抗弯强度呈现先增大后减小的趋势，在 DMAA∶MBAM = 16∶1 获得最大生坯强度 21.4MPa。此外，结合图 2-3 还发现，所有坯体都具有较为均匀的微观形貌，

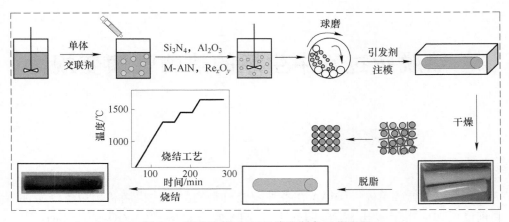

图 2-1　凝胶注模 SiAlON 陶瓷制备工艺流程

且不同 DMAA 与 MBAM 比值的生坯颗粒堆积紧密程度存在一定差异，比值为 16 : 1 的坯体颗粒堆积最为紧密，这主要由 DMAA 的聚合机理决定的。在聚合过程中，由 DMAA 和 MBAM 聚合形成的三维网络的聚合度主要取决于 DMAA 与 MBAM 的比例。交联剂 MBAM 充当 "桥"，连接 DMAA 聚合反应形成的分子链。 "桥" 越少，网络结构越松，甚至部分仍然是自由分子链，从而形成具有大尺寸网格单元的网络结构[17]。此种情况下，由于松散的聚合物交联网络结构，生坯表现出较差的力学性能。随着交联剂 MBAM 含量的增加（即 DMAA : MBAM 从 20 : 1 降至 16 : 1），可获得具有较小网格单元的密集的三维网络，从而提高了生坯的强度。当 DMAA : MBAM 从 16 : 1 降至 10 : 1，抗弯强度从 21.4MPa 降低到 15.2MPa。因此，DMAA 与 MBAM 的合理比例应为 16 : 1，以确保生坯在后期加工以及随后的脱脂、烧结过程具有优异的力学性能。

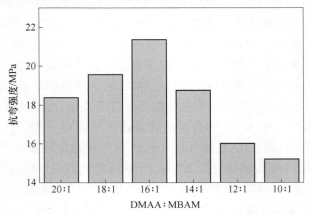

图 2-2　单体含量对生坯抗弯强度的影响（固相含量（体积分数）为 44%）

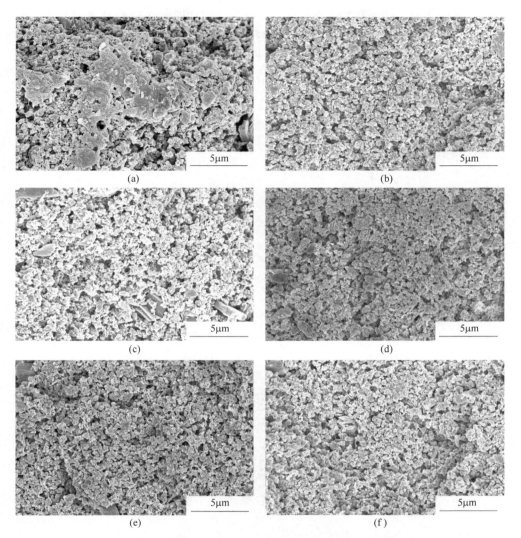

图 2-3　不同 DMAA 含量的 SiAlON 生坯断面的 SEM 图
(a) 10∶1; (b) 12∶1; (c) 14∶1; (d) 16∶1; (e) 18∶1; (f) 20∶1

图 2-4 所示为 DMAA/MBAM 聚合物及凝胶注模 SiAlON 陶瓷生坯照片。由图可知，所制备的固相含量（体积分数）为 44%（DMAA+MBAM = 12.4%（质量分数），DMAA∶MBAM = 16∶1）的 SiAlON 生坯表面较为光滑、微观结构均匀，混合粉体无明显团聚现象，陶瓷颗粒被三维聚合物网络结构紧密包裹。经测试的凝胶注模 SiAlON 生坯的密度为 1.8g/cm³，抗弯强度约为 21.4MPa。对于图 2-4（b）中的 φ3.5cm×5.8cm 的 SiAlON 陶瓷生坯，采用 2℃/min 的线性升温制度进行热

脱脂，其脱脂前后的照片如图 2-5 所示。由图可知，即使在较低升温速率下，脱脂后的生坯仍出现了表面开裂及翘曲形变的缺陷，这可能是因为不恰当的升温制度使得坯体内的温度梯度较高，且聚合物热解气体在厚重坯体内的渗流阻力较大，所以导致坯体内应力过大，需采取恰当的保温措施予以消除，本书后续将重点研究其热脱脂过程。

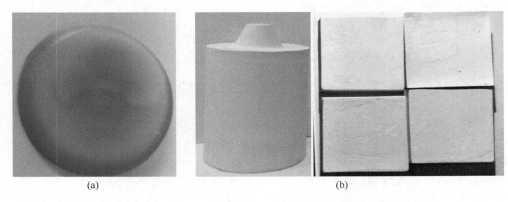

(a)　　　　　　　　　　　　　　　　　　(b)

图 2-4　DMAA/MBAM 聚合物及 SiAlON 陶瓷生坯

（a）DMAA/MBAM 聚合物；（b）SiAlON 陶瓷生坯

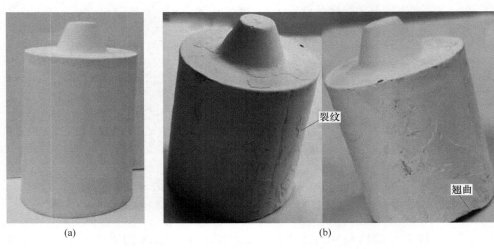

(a)　　　　　　　　　　　　　　　　　　(b)

图 2-5　脱脂前后生坯的表面形貌

（a）生坯；（b）脱脂后

　　鉴于此，本章综合采用多种热分析手段（TG-DSC、Py-GC/MS、LFA 和 DMA 等），研究了 DMAA/MBAM 聚合物的热解特性，脱脂过程中生坯的热物理性质变化规律，为后续热脱脂动力学，坯体内应力、应变的研究提供基础物性参数。

2.2 研究方法

采用红外分析仪对 DMAA/MBAM 聚合物的有机官能团进行表征。测试条件为：光谱范围为 400~4000cm⁻¹，分辨率 4cm⁻¹，扫描次数 32 次。

采用元素分析仪对 DMAA/MBAM 聚合物的元素组成进行分析。采用动态燃烧法，将有机聚合物氧化成小分子气体后，并经 Cu 还原成 N_2、CO_2、H_2O 和 SO_2，然后基于吸附-解吸原理通过色谱柱进行有效分离，测定凝胶聚合物中 C、H、O、N、S 元素的含量。

采用同步热分析仪在惰性气体和空气两种气氛下，对陶瓷生坯进行非等温热失重分析。样品过 0.15mm（100 目）筛，称取的样品质量约为 15.0mg，每个测试条件下至少重复测试 3 次以保证热失重数据的可靠性。惰性气氛：载气为高纯氩气（99.999%），吹扫/保护气流量为 40mL/min，升温速率为 2.5℃/min、5℃/min、15℃/min 和 20℃/min，温度范围为 35~900℃。空气气氛：载气为空气，升温速率为 5℃/min、8℃/min、10℃/min 和 15℃/min，温度范围为 35~900℃。

采用 TG-FTIR 联用仪对生坯中凝胶聚合物的小分子热解气体产物进行分析。测试条件为：载气为高纯氩气（99.999%），流量为 40mL/min，热分析温度范围为 35~900℃，升温速率为 10℃/min；将气体传输管道和气室加热至 250℃ 以防止产生的气体产物冷凝。红外光谱范围为 400~4000cm⁻¹，分辨率 4cm⁻¹，扫描次数 32 次。

采用 Py-GC/MS 联用系统测定凝胶聚合物的快速裂解产物。测试条件：热解温度分别设定为 240℃、385℃ 和 450℃，保持 90s；然后，通过传输线将热解气体引入 GC/MS 中进行在线分析。GC 的升温程序如下：从 60℃（保温 3min）加热至 240℃（保温 15min），加热速率为 5℃/min；高纯 Ar（99.999%）用作载气，流速为 1.0mL/min；分流比为 50：1。MS 条件如下：离子源为 EI 模式（70eV），温度为 200℃，扫描质荷比（m/z）范围为 2~600amu，并基于 NIST 质谱库鉴定色谱峰。

采用热膨胀仪测试热脱脂过程生坯的线性膨胀系数。样品尺寸为 25mm×4mm×5mm。测试条件：25~600℃；升温速率分别为 5℃/min、10℃/min 和 15℃/min；载气为高纯氩气（99.999%）。当温度从 T_1 变化到 T_2 时，试样的长度相应的从 L_1 变化到 L_2，则试样在相应的温度区间内的平均线膨胀系数 α 可表示为：

$$\alpha = \frac{L_2 - L_1}{L_1(T_2 - T_1)} = \frac{1}{L} \cdot \frac{\Delta L}{\Delta T} \tag{2-1}$$

式中，α 为线性膨胀系数；T_1 为初始温度；T_2 为终温；L_1 为温度 T_1 时样品的原始长度；L_2 为温度 T_2 时样品的长度；ΔT 为温度变化区间；ΔL 为试样从 T_1 至 T_2 时的长度变化。

采用激光热扩散/导热系数测试仪测定热脱脂过程中 SiAlON 陶瓷生坯的热扩散系数、导热系数和比热容的变化情况。测试条件：试样尺寸为 10mm×10mm×2.5mm，测试温度点为 100℃、200℃、300℃、400℃、500℃ 和 600℃，高纯氩气（99.999%）气氛。激光闪射法作为一种瞬态方法，其原理为：激光源发射一束脉冲照射到样品底端，样品受激光束能量作用瞬间升温（热端），其热量由热端向冷端传播，通过传感器实时检测冷端的温度变化，测试原理如图 2-6 所示，则温度 T 下样品的热扩散系数可表示为：

$$D = 0.1388 \times d^2/t_{50} \tag{2-2}$$

式中，D 为热扩散系数；d 为样品的厚度；t_{50} 为半升温时间。

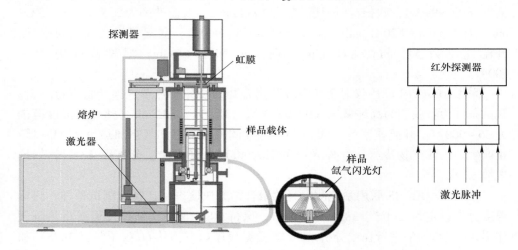

图 2-6 激光闪射法测试原理

导热系数可通过下式计算：

$$k_T = D_T \cdot \rho_T \cdot c_{p,\,T} \tag{2-3}$$

式中，k_T 为导热系数；ρ_T 为生坯的表观密度；$c_{p,T}$ 为比热容。

采用比较法，测定脱脂过程中 SiAlON 陶瓷生坯的比热容，其基本测试原理通过比较待测试样与已知标样在绝热条件下的测试曲线获得，计算公式为：

$$c_p = \frac{Q}{\Delta T \cdot m} \tag{2-4}$$

式中，Q 为试样吸收热量；ΔT 为吸热后试样升高的温度；m 为试样的质量。

采用动态热机械分析仪，测试热脱脂过程生坯的储能模量、损耗模量和损耗因子的变化规律。样品为直径 15mm、厚度 3mm 的凝胶+陶瓷粉体的复合材料圆片，形变模式为压缩/针入模式。测试条件为：温度为 25～600℃，升温速率为 3℃/min、5℃/min 和 8℃/min，测试频率为 1.0Hz。动态热机械测试原理：对样品施加正弦波应力 σ，产生正弦波应变 ε，此时样品表现出一定的黏弹性行为，导致应力与应变曲线产生一定的位错 δ；通过傅里叶变换计算获得储能模量（与 σ 波形同相位）、损耗模量（与 σ 波形相差 90°相位角）和损耗因子（损耗模量/储能模量），具体原理如图 2-7 所示。

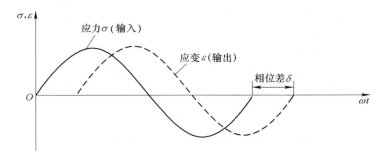

图 2-7　动态热机械测试原理

采用压汞法（mercury intrusion porosimetry，MIP）对不同温度脱脂后的坯体的孔隙分布特性进行测试。测试前将生坯分别在 300℃、400℃及 600℃脱脂 2h；然后将脱脂后的样品置入膨胀计中并抽真空至小于 0.05nm 汞柱，然后在膨胀计中注 Hg 并通过逐步加压的方式使 Hg 渗入到试样的孔隙中。压汞法测试条件：进/退汞接触角为 130°，表面张力为 0.485N/m，膨胀计体积为 0.3mL，Hg 密度为 13.5462g/mL。

2.3　聚合物热解特性

2.3.1　官能团表征

图 2-8 所示为 DMAA/MBAM 聚合物官能团的 FTIR 表征图谱。

由图可知，在 617cm⁻¹ 和 950cm⁻¹ 波段附近的吸收峰为酰胺谱带 Ⅱ 中的—NH₂ 基团面外摇摆振动和面内摇摆振动峰。在 1130cm⁻¹ 和 1632cm⁻¹ 附近的较强红外吸收峰，是由于—CO—NH—的弯曲振动引起的。在 1200cm⁻¹ 和 1350cm⁻¹ 波段存在的中等强度吸收峰为 C—N 基团的伸缩振动和 N—H 的弯曲振动协同作用形成的重叠吸收峰。在 1400cm⁻¹ 波段附近出现的吸收峰为酰胺谱带 Ⅲ 中的 C—N 键伸缩振动导致。在 1487cm⁻¹ 和 2932cm⁻¹ 波段附近分别为—CH₂—弯曲振

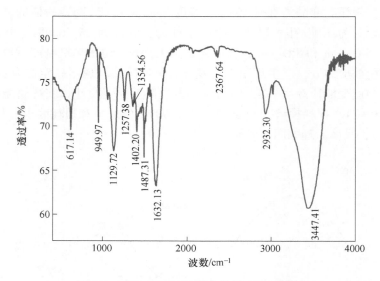

图 2-8 DMAA/MBAM 聚合物的 FTIR 光谱

动及非对称伸缩振动形成的吸收峰。在 3340cm⁻¹ 附近存在很强的吸收峰，这是由聚合物内的结合 H_2O 或—OH 及—NH 键的伸缩振动协同作用引起的。

表 2-1 列出了 DMAA/MBAM 聚合物中 C、H、O、N、S 元素的含量。由表可知，聚合物主要的 C 元素和 O 元素的含量分别为 47.97% 和 28.20%。

表 2-1 DMAA/MBAM 凝胶聚合物有机元素分析（质量分数）

元素	C	H	O	S	N
含量/%	47.97	8.46	28.20	1.20	11.47

2.3.2 热裂解机理

通过 NIST 数据库对比鉴定识别不同种类的有机化合物。图 2-9 所示为不同裂解温度下，DMAA/MBAM 共聚物热降解产物的类型及其比例（以峰面积（%）为基准[114]）。聚合物在 450℃ 裂解出的主要化合物、分子结构及其含量见表 2-2。

由图 2-9（a）和（b）可知，240℃ 下 DMAA/MBAM 聚合物主要的热解产物为二甲基丙二氨、三甲胺、N,N-二甲基-2-丙烯酰胺（DMAA 单体）和二甲基氨基甲酸甲酯，其相对含量分别为 37.36%、32.56%、19.95% 和 10.14%。385℃ 下，除 CO_2 气体外，热解出的主要化合物为 1,4-顺-二甲酰胺环己烷、N,N-二甲基庚酰胺和 N-甲基-正丙基环己胺和 DMAA 单体，其相对含量分别为 34.58%、25.03%、24.58% 和 11.10%。

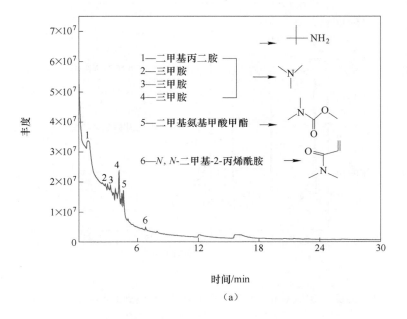

（a）

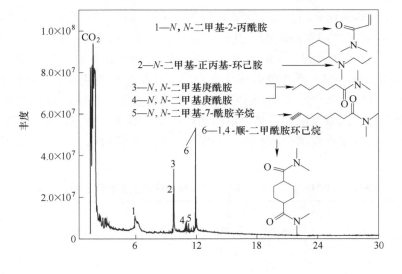

（b）

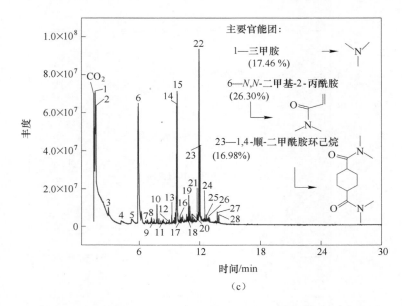

图 2-9　不同热解温度下 DMAA/MBAM 聚合物快速裂解检测到的主要化合物的 GC-MS 色谱图
(a) 240℃；(b) 385℃；(c) 450℃

　　由图 2-9 (c) 和表 2-2 可知，在 450℃热解，除 CO_2 气体外，检测出了 C_3~C_{12} 的近 20 种热解化合物，其中主要产物为 DMAA 单体、三甲胺、1,4-顺-二甲酰胺环己烷和 N,N-二甲基庚酰胺，其相对含量分别为 26.30%、17.46%、16.98% 和 11.05%。此外还发现，不同温度下，聚合物裂解产物主要为酰胺类、氨类的特征化合物和环己烷、环己胺类环状化合物；环状化合物主要在 385℃ 和 450℃ 析出，而在 240℃ 未检测出相应的环状化合物。低温下，裂解出的 DMAA 单体的含量相对较低，随着温度的升高，单体和环状化合物含量显著增加，可推测热解产生的自由基分子促使聚合物高温下会发生剧烈的单体解聚反应并产生环化反应条件。

表 2-2　DMAA/MBAM 共聚物在 450℃热解主要鉴定出的化合物

编号	化合物	分子式	摩尔质量 /g·mol^{-1}	CAS 号	结构	相对含量与面积之比 /%
1	三甲胺	C_3H_9N	59	75-50-3		17.46
2	2-甲基-2,4-戊二胺	$C_6H_{16}N_2$	116	21586-21-0	H_2N　　　NH_2	7.68

编号	化合物	分子式	摩尔质量 /g·mol^{-1}	CAS 号	结构	相对含量与面积之比 /%
3	1-(二甲基氨基)-2-丙酮	$C_5H_{11}NO$	101	15364-56-4		0.47
4	N,N-二甲基-甲酰胺	C_3H_7NO	73	68-12-2		1.06
5	N,N-二甲基-乙酰胺	C_4H_9NO	87	127-19-5		1.86
6	N,N-二甲基-2-丙烯酰胺	C_5H_9NO	99	2680-03-7		26.30
7	2,3-二甲基-4-羟基-2-丁烯内酯	$C_6H_8O_2$	112	1575-46-8		0.48
8	5-氨基-1,3-二甲基吡唑	$C_5H_9N_3$	111	3524-32-1		0.69
9	1,5,6,7-四氢-2H-氮杂卓-2-酮	C_6H_9NO	111	2228-79-7		1.20
10	N,N-二甲基-氰基乙酰胺	$C_5H_8N_2O$	112	7391-40-4		0.41
11	环戊烷-顺-1,3-二甲酰胺	$C_7H_{12}N_2O_2$	156	0-00-0		0.31
12,24	环戊烷反式-1,3-二甲酰胺	$C_{11}H_{20}N_2O_2$	212	59219-51-1		4.16
13	N,N-二甲基辛烷酰胺	$C_{10}H_{21}NO$	171	1118-92-9		1.51
14	八氢-2H-吡啶(1,2-a)嘧啶	$C_8H_{14}N_2O$	154	24025-00-1		6.80

编号	化合物	分子式	摩尔质量 /g·mol^{-1}	CAS 号	结构	相对含量与面积之比 /%
15, 19, 20	N,N-二甲基庚酰胺	$C_9H_{19}NO$	157	1115-96-4		11.05
16,22, 23,26, 27,28	1,4-顺-二甲酰胺环己烷	$C_{12}H_{22}N_2O_2$	226	35541-94-7		16.98
17	4-丙基-4-环戊烯-1,3-二酮	$C_8H_{10}O_2$	138	58940-74-2		0.33
18	N,N-二甲基-2-氧代环己烷羧酰胺	$C_9H_{15}NO_2$	169	52631-32-0		0.68
21	N,N-二甲基-7-辛酰胺	$C_{10}H_{17}NO$	167	35066-53-6		0.29
25	2-丁基-2-乙基-3 恶唑烷	$C_{10}H_{21}NO$	171	161500-45-4		0.28

注：表中编号与图 2-9（c）一致。

2.4　生坯热稳定性及热物理性质分析

近年来，热分析技术是研究有机物热稳定性的常用方法。本章采用 TG-DSC、TG-FTIR 联用技术，研究生坯中 DMAA/MBAM 聚合物的热失重情况，热解产物的析出特性；并通过激光闪射法、热膨胀分析、动态热机械分析等测试手段，分析热脱脂过程生坯的热物理性质演变规律。

2.4.1　TG-DSC 分析

图 2-10 所示为升温速率为 2.5℃/min 的 SiAlON 生坯在氩气气氛下的 TG-DSC 及微商热重（DTG）和二阶微商热重（DDTG）曲线。由图可知，DTG 的峰值或谷值映射至 DDTG 曲线的极值点（即 DDTG = 0）代表 DTG 变化速率的突变点（拐点）。随温度的升高 DDTG 值趋向于零点（Z）。DDTG 曲线存在 4 个极值点分

别代表 DTG 曲线的两个峰值和谷值。以 DTG 曲线的谷值 Ⅱ（约230℃）和谷值 Ⅳ（约366℃）为界，将整个脱脂过程划分为三个热解区间：区域 1（35～230℃）、区域 2（230～366℃）和区域 3（366～600℃）。由 DSC 曲线可知，惰性气氛整个热脱脂过程为吸热反应。各热解区间对应的质量损失分别为 1.54%、3.65% 和 4.62%。

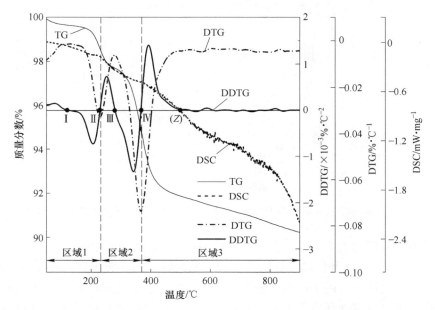

图 2-10　生坯在氩气气氛中的 TG-DSC、DTG 和 DDTG 曲线（升温速率为 2.5℃/min）

图 2-11 所示为 5℃/min 的升温速率下，生坯在空气气氛中的 TG-DSC、DTG 和 DDTG 曲线。由图可知，随温度升高，DTG 曲线出现若干峰和肩峰，表明空气气氛下生坯中 DMAA/MBAM 聚合物的热解行为更为复杂。

DDTG 曲线存在 4 个零点表征其峰值或谷值。（1）位于约240℃的点 Ⅱ 是 DTG 曲线的第一个谷值表征聚合物从脱水阶段进入热解阶段，是聚合物的初始降解温度；点 Ⅳ（约328℃）和点 Ⅵ（约454℃）为其主要组分的降解温度。（2）点 Ⅲ（约280℃）和点 Ⅴ（约418℃）分别代表 DTG 曲线的两个峰值温度，表征聚合物各组分的最大降解速率所在温度。（3）点 Ⅰ（约100℃）和点 Ⅶ（约528℃）代表 DTG 曲线的肩峰，决定了聚合物热解速率曲线的形状，是由各组分热解峰叠加而成。

以 DTG 曲线的谷值为界，将空气气氛下的热脱脂过程划分为 5 个阶段，其热解温度区间分别为：区域 1（35～240℃）、区域 2（240～328℃）、区域 3（328～455℃）、区域 4（455～530℃）和区域 5（530～600℃）。各热解区间的样

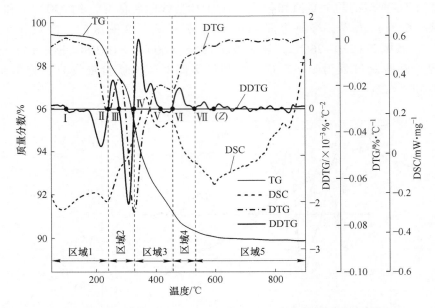

图 2-11　生坯在空气气氛中的 TG-DSC、DTG 和 DDTG 曲线（升温速率为 5℃/min）

品质量损失分别约为 1.56%、2.99%、4.29%、1.11% 和 0.19%。由 DSC 曲线可知，区域 1、区域 2 和区域 5 为吸热反应，而区域 3 和区域 4 为放热反应。因此，可认为空气气氛下，由于前期大量气体产物的析出，氧气难以进入坯体内部，聚合物热解主要以惰性环境为主；至区域 4 阶段，由于氧气缓慢渗入坯体内发生氧化燃烧反应而释放大量热量。

2.4.2　气相产物分析

图 2-12 所示为 10℃/min 升温速率下，生坯热脱脂过程中 DMAA/MBAM 聚合物热解产物的 FTIR 随温度的演变图谱。

由图 2-12 可知，生坯加热期间可观察到一定量的气体产物和基团碎片。$667cm^{-1}$ 和 $2349cm^{-1}$ 处的强吸收峰为 CO_2 特征峰，其析出速率的最高峰在 396℃ 左右，主要的逸出温度范围为 350~420℃。在 $650cm^{-1}$ 和 $1640cm^{-1}$ 波长附近为 H_2O 的特征峰，其析出最高峰对应的温度分别为 245℃ 和 398℃，且具有两个主要逸出温度范围，分别为 200~300℃ 和 320~410℃。$1533cm^{-1}$ 处的吸收峰为 CH_4 的特征峰，其析出速率的最高峰约在 403℃，主要逃逸温度范围为 320~500℃。因此，主要的热解气体产物为 CO_2、H_2O 和 CH_4。此外，还发现了具有很弱吸收峰的少量其他气体和碎片析出，如 CO、O—H、—NH_2 和 —CH_2 等。这表明，脱脂过程中，聚合物中的碳链和羰基等基团断裂从而产生大量的 CO_2、H_2O、CH_4

和少量的 CO。DTG 曲线中表示的第一个高失重峰对应于 H_2O 的初始逸出，而 DTG 曲线中出现的第二个主要失重峰对应于 CO_2、CH_4、H_2O 和少量 CO 气体的逸出；600℃以后，气体析出量很少，表明聚合物已基本热解完成，这与 DTG 结果一致。

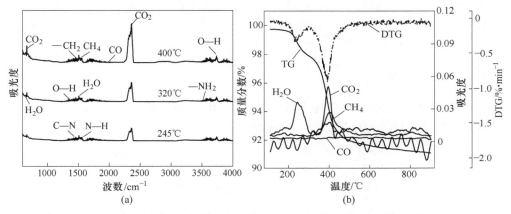

图 2-12　生坯热脱脂过程中 DMAA/MBAM 聚合物热解产物红外光谱演变
（a）FTIR 光谱；（b）主要气体产物

2.4.3　导热行为

图 2-13 所示为不同温度下生坯的热扩散系数和比热容的分析结果。取每个温度下的 3 个闪射点的平均值作为最终的热扩散系数和比热容数值。

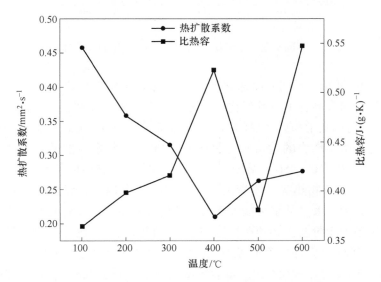

图 2-13　不同温度下的凝胶注模 SiAlON 生坯的热扩散系数和比热容

由图 2-13 可知，在 100 ~ 600℃ 温度范围内，生坯的热扩散系数为 0.21 ~
0.46mm²/s，随温度的升高呈现先减小后增加的趋势。比热容为 0.37 ~ 0.55J/
(g·K)，随温度的升高呈现先增大后减小继而在 500℃ 后又显著增大的变化趋势。
通过拟合获得脱脂过程比热容（单位为 J/(g·K)）的数学表达式为 $4×10^{-5}T^2+$
$0.2223T+282.45$。按照式 (2-3) 计算，获得导热系数（单位为 W/(m·K)） 为
0.14 ~ 0.30，并通过多项式拟合获得导热系数（单位为 W/(m·K)）的数学表达
式为 $1×10^{-6}T^2-0.0014T+0.7367$。

2.4.4 热膨胀行为

图 2-14 所示为不同升温速率（5℃/min、10℃/min 和 15℃/min）下，生坯
的线性热膨胀曲线，温度区间为 25 ~ 600℃。

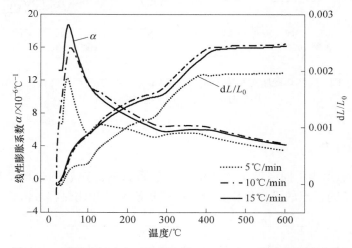

图 2-14   不同升温速率下凝胶注模 SiAlON 生坯的线性膨胀曲线

由图 2-14 可知，不同升温速率下，生坯的线性膨胀系数 α 的变化趋势基本
一致。随温度的升高，可将其变化过程分为两个阶段，分别在 25 ~ 280℃ 和 280 ~
600℃ 均基本呈现先增加后减少的趋势。在低温阶段（<100℃）出现一个最强的
膨胀峰，这是由生坯中的残余水分（结构水或游离水等）扩散析出过程形成的
应力造成的；在 250 ~ 450℃ 温度区间，α 存在一个较小的峰值区间，对应于
DMAA/MBAM 聚合物热解气体析出过程。同时还发现，脱脂过程中残余水分对
生坯的形变影响较大，甚至可能大于凝胶热解过程带来的坯体形变，因此在脱脂
工艺前的生坯干燥阶段，必须严格控制使水分脱除充分。在 5℃/min 升温速率下，
经多项式拟合获得生坯的线性膨胀系数（℃⁻¹）为 $1.278×10^{-5}-1.958×10^{-5}T+$
$1.353×10^{-11}T^2-3.115×10^{-15}T^3$。当前测试条件下（15℃/min），最大线性膨胀系

数约为 $1.85 \times 10^{-5} \text{℃}^{-1}$。

由 dL/L_0 曲线可知，不同升温速率下，热膨胀曲线的变化趋势基本一致，在 450℃ 前呈不断增加之势，而 450℃ 后趋于平缓；在室温~200℃ 和 200~450℃ 之间存在两个急剧膨胀阶段，前者主要是由于生坯中残余水分的扩散或蒸发过程造成的湿热膨胀，而后者主要是由于聚合物的热解气体不断逸出使得坯体孔隙压力持续增大造成的坯体膨胀；当前测试条件下（10℃/min），生坯的最大形变率为 0.25%，表明整个热脱脂阶段，坯体的形变率较小。

2.4.5 动态热机械行为

图 2-15 所示为不同升温速率（3℃/min、5℃/min 和 8℃/min）下的 SiAlON 陶瓷生坯在 25~600℃ 温度区间内的储能模量 E'、损耗模量 E'' 及损耗因子 $\tan\delta$（$\tan\delta = E''/E'$）随时间的变化曲线。

由图 2-15 可知，不同升温速率下，E'、E'' 和 $\tan\delta$ 曲线在该热脱脂温度区间内均呈现双峰分布的特性，且随着加热速率的升高，E'、E'' 和 $\tan\delta$ 曲线向高温方向偏移。由图 2-15（a）可知，在 3℃/min 的升温速率下，室温~210℃ 温度范围对应于坯体内的残余水分挥发过程，E'、E'' 曲线均呈现先增加后减小的趋势，在 118.86℃ 达到最大储能模量 $E'_{max} = 36.75\text{MPa}$，在 145.45℃ 达到最大损耗模量 $E''_{max} = 4.32\text{MPa}$，在 152.3℃ 达到最大损耗因子为 0.125，此时残余水分发生相变汽化以水蒸气形式迅速逸出；在 210~600℃ 温度范围内，储能模量和损耗模量也呈现先增后减之势，且分别在 403.98℃ 和 386.14℃ 达到各自的最大值 46.87MPa 和 5.98MPa，损耗因子的峰值对应的 DMAA/MBAM 聚合物的玻璃化转变温度（T_g），约为 380.34℃，温度高于玻璃化转变温度、聚合物开始软化，E' 和 E'' 的值显著降低。

由图 2-15（b）可知，在 5℃/min 的升温速率下，残余水分挥发过程对应的温度范围向高温偏移至 25~217℃，E' 在 128.57℃ 达到最大值为 67.02MPa，E'' 在 149.80℃ 达到最大值为 10.77MPa，$\tan\delta$ 在 152.50℃ 达到最大值为 0.17；在 217~600℃ 温度范围对应于聚合物的热解区间，该温度范围内 $\tan\delta$ 的峰值（0.30）对应的 T_g 偏移至 443.40℃，高于 443.40℃ 后储能模量和损耗模量显著下降，分别在 451.13℃ 和 446.9℃ 达到 E' 和 E'' 的最大值为 172.57MPa 和 51.90MPa。

由图 2-15（c）可知，在 8℃/min 的升温速率下，残余水分挥发过程对应的温度范围向高温偏移至 25~224℃，$\tan\delta$ 在 168.87℃ 达到峰值 0.12，E' 在 139.12℃ 达到最大值为 42.76MPa，E'' 在 163.51℃ 达到峰值 5.17MPa；而聚合物的热解区间向高温偏移至 224~600℃，也对应于聚合物的玻璃化转变区间，在 510.43℃ 达到最大储能模量 98.13MPa，在 501.18℃ 达到损耗因子最大值 $\tan\delta_{max} = 0.18$，聚合物的分子链段因克服周围环境黏性持续运动而不断消耗能量，因此在 504.02℃出现损耗模量 E'' 的峰值 17.78MPa。随着升温速率的增加，E'、E'' 和 tanδ 值呈现先增加后降低的趋势，这可能是由于过高的升温速率下，聚合物剧烈热解成大量气体产物迅速扩散逸出，坯体内出现大量孔洞或微裂纹导致坯体的强度显著下降。

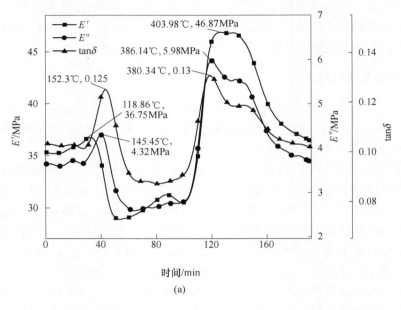

(a)

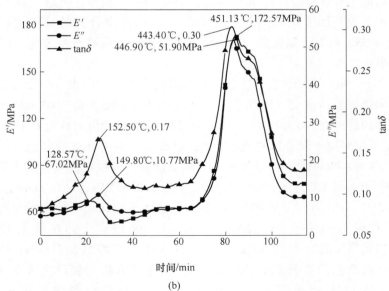

(b)

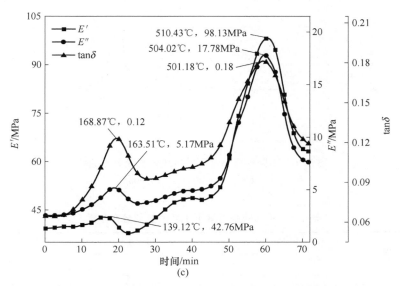

图 2-15 不同升温速率下 SiAlON 陶瓷生坯的动态热机械分析结果

(a) 3℃/min；(b) 5℃/min；(c) 8℃/min

2.4.6 孔隙结构演变

图 2-16 所示为不同温度下热脱脂 2h 后生坯的孔径分布曲线。表 2-3 给出了不同温度脱脂后坯体的孔隙分布参数。

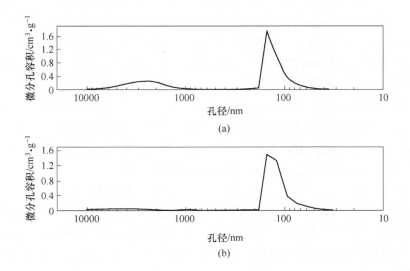

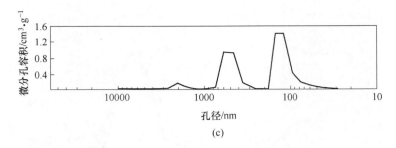

(c)

图 2-16 不同脱脂温度下的生坯内孔径分布曲线

(a) 300℃；(b) 400℃；(c) 600℃

表 2-3 不同脱脂温度下生坯的孔隙分布参数

测试项目	脱脂温度/℃		
	300	400	600
平均孔径/nm	139.0	136.0	123.8
比表面积（BET)/$m^2 \cdot g^{-1}$	230.0	230.0	230.0
体积密度/$g \cdot cm^{-3}$	1.451	1.416	1.411
孔隙率/%	49.99	50.80	53.08
总孔体积/$cm^3 \cdot g^{-1}$	0.345	0.359	0.376
渗透率/μm^2	2.53×10^{-5}	2.48×10^{-5}	2.45×10^{-5}

由图 2-16 和表 2-3 可知，在 300~600℃范围内，随着聚合物不断热解脱除，坯体的孔径主要在 6.6~360nm 区间分布，且随着温度的升高，平均孔径从 139.0nm 减小至 123.8nm。推测这种变化趋势可能是由于热塑性的 DMAA/MBAM 聚合物残余碳化物及孤立颗粒填充孔隙造成的闭孔效应。或者由于高温脱脂后坯体骨架强度降低，测试过程坯体微小形变带来的误差。随着脱脂温度的升高，总孔体积略有增加，从 0.345cm³/g 增加至 0.376cm³/g；且由于包裹在复合粉末表面及填充在颗粒孔隙内有机物的脱除，坯体内的孔隙率显著增加，坯体骨架的密度不断降低，生坯的密度降至约 1.4g/cm³。因此，整个热脱脂过程，随着聚合物的脱除，坯体内的孔隙主要为百纳米级的大孔存在。

热脱脂过程宏观上可认为是凝胶有机聚合物在坯体内的热解迁移转化过程，最终表现为凝胶注模生坯的微观结构演变行为，不同脱脂温度下生坯的微观形貌，如图 2-17 所示。由图 2-17 可知，在 300℃脱脂 2h 后，包裹颗粒的有机聚合物部分热降解，较未脱脂生坯的孔隙明显增多，经 X 射线能谱（EDS）分析，仍有大量聚合物残余物质，颗粒表面碳含量约为 17.28%，坯体颜色较生坯略有加深，低温脱脂阶段由于大量残余凝胶的存在，坯体内的孔洞结构体系尚未发育成熟，仅形成少部分孔隙相互连通。温度升至 400℃，由于聚合物的热解碳化坯体

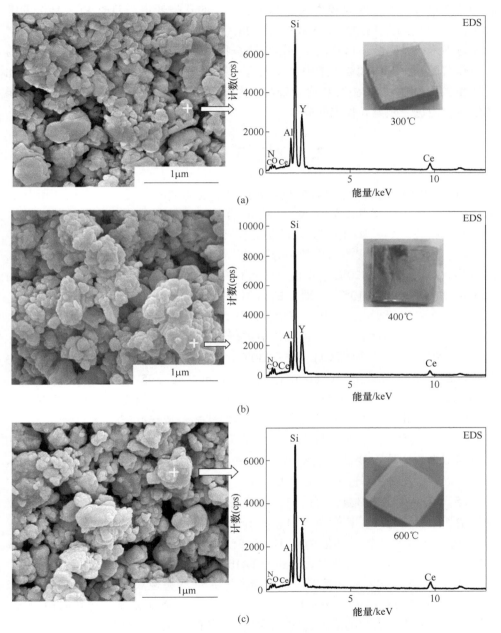

图 2-17　不同脱脂温度下生坯的微观形貌

（a）300℃；（b）400℃；（c）600℃

颜色明显加深，结合热重分析可知，400℃位于 DMAA/MBAM 聚合物的最高速率热降解温度附近，因此大量包裹颗粒的有机聚合物被热解脱除，坯体中的孤立颗粒和孔隙显著增加，发现较为明显的相互连通的孔隙通道，此时 EDS 测试的颗粒表面 C 含量约为 15.22%。600℃脱脂 2h 后，坯体颜色逐渐变浅，坯体中含有大量亚微米级大孔隙，这是由于高温下聚合物三维网络结构被严重破坏，凝胶的快速热解脱除，坯体颗粒骨架中产生大量孔隙，孤立粉体颗粒开始大量显现，此时颗粒表面仍有 13.07% 的 C 含量残留，为减少残留碳对后期烧结过程坯体性能的影响，应进一步延长保温时间。

2.5 本章小结

（1）DMAA/MBAM 聚合物的热裂解产物主要为酰胺、氨类（N,N-二甲基-2-丙烯酰胺单体、二甲基二丙氨等）特征化合物及环己烷、环己胺类（1,4-顺-二甲酰胺环己烷、N-甲基-正丙基-环己胺等）环状化合物。

（2）生坯脱脂过程中析出的小分子气体产物主要为 CO_2、H_2O 和 CH_4。CO_2 的析出区间为 350~420℃，峰值在 396℃左右；H_2O 存在两个析出温度区间（200~300℃和 320~410℃），对应的析出温度峰值分别为 245℃和 398℃；CH_4 在 320~500℃区间析出，其析出峰值温度约为 403℃。

（3）生坯在惰性和空气两种气氛中进行热脱脂，其热稳定性存在较大差异。惰性气氛中存在三个热解区间（35~230℃、230~366℃和 366~600℃），整个热脱脂过程为吸热反应。空气气氛中存在五个热解区间（35~240℃、240~328℃、328~455℃、455~530℃和 530~600℃），其中区间 1、区间 2 和区间 5 为吸热反应，而区间 3 和区间 4 由于氧气的渗入发生氧化燃烧放热反应。

（4）残余水分对生坯在脱脂过程中的形变影响较大，甚至可能大于凝胶热解过程带来的坯体形变。当前测试条件下，生坯的最大线性膨胀系数为 $1.85×10^{-5}℃^{-1}$，最大形变率较小，仅为 0.25%。

（5）在 100~600℃温度范围内，随着温度的升高，生坯的热扩散系数呈先减小后增加的变化趋势，其值为 0.21~0.46mm^2/s；比热容呈先增大后减小然后在 500℃后显著增大之势，其值为 0.37~0.55J/（g·K），经拟合获得的导热系数（单位为 W/（m·K））的数学表达式为 $1×10^{-6}T^2-0.0014T+0.7367$。

（6）在 25~600℃温度范围内，储能模量 E' 曲线呈现双峰分布特性，两个峰值区间（25~220℃和 220~600℃）分别对应于水分蒸发和聚合物热降解阶段，且随升温速率增加，E' 的值呈先增后降之势，其值为 35~173MPa。

3 凝胶注模 SiAlON 陶瓷生坯热脱脂动力学理论基础研究

3.1 概　述

聚合物的热解脱除是凝胶注模成型技术的重要步骤之一，脱脂工艺不当易造成坯体内形成大量孔隙、裂纹及内应力等缺陷，该类缺陷遗传至随后的烧结过程并被进一步放大，最终影响陶瓷烧结体的性能。研究凝胶注模陶瓷生坯在不同气氛下的热脱脂动力学，有助于掌握凝胶聚合物的热降解行为及反应机理，获得可靠的动力学参数，为实现对热脱脂行为的精准控制提供理论基础。

据第 2 章 TG-DSC 热分析所述，DMAA/MBAM 凝胶体系注模的陶瓷生坯热脱脂过程包含若干热解阶段，该过程可能由多种反应机制协同控制。对于存在多个热解反应峰的有机物降解过程，相关研究指出传统的单一反应模型（如 Coats-Redfern、Kissinger 和 Ozawa 等）难以反映由反应机理变化引起的表观活化能随热解反应进程不断变化的情况[25, 26, 120, 143]。针对这一问题，部分学者提出采用多重正态分布活化能模型（Multiple Normal Distributed Activation Energy Model，M-DAEM）[144-146]和多阶段并行反应模型（Multi-stage Parallel Reaction Model，M-PRM)[124]进行多阶段动力学描述。

分布活化能模型（DAEM）是目前应用较广泛的热解动力学模型，其核心思想是基于物质反应活化能分布的假设，其分布函数通常用 Gaussian 分布，或 Weibull 和 Logistic 分布[147]。近期报道的 M-DAEM 将热解过程视为相互独立反应的 m 个伪组分的反应叠加且各组分的活化能符合正态分布，是获得复杂热解过程全局动力学信息的有效工具[144-146]。Cai 等人[146]采用三平行分布活化能反应模型（three-parallel-DAEM-reaction model）研究了稻草的慢速热解动力学，并采用模式搜索方法计算模型的动力学参数，预测的 DTG 数据与实验值呈现很好的一致性。此外，据报道，多阶段并行反应模型（M-PRM）可通过高斯（Gaussian）或非对称双高斯（Bi-Gaussian）函数进行多峰拟合，能够很好地描述复杂多阶段热解过程[124, 148]。Sun 等人[124]采用 M-PRM 模型将桦甸油页岩中有机质燃烧过程分为四个子阶段，每个子阶段通过无模型方法求解活化能并基于 Málek 法确定机理函数。目前该类模型主要应用在煤、固体废弃物及生物质等有机化合物[118, 122]的热解动力学方面的研究，而在凝胶注模成型陶瓷生坯热脱脂动力学研究中的应用未见报道。

本章首先采用热分析技术（TG-DTG）研究凝胶注模 SiAlON 陶瓷生坯中 DMAA/MBAM 聚合物的热分解过程。其次基于不同的动力学方法（Coats-Redfern 法、无模型法、M-DAEM 模型和 M-PRM 模型）求解生坯热脱脂表观活化能。最后采用 M-PRM 法对聚合物的复杂热解过程进行多峰拟合，并基于 Málek 法确定各子阶段的机理函数。

3.2　研　究　方　法

采用同步热分析仪在高纯氩气和空气两种气氛中对凝胶注模陶瓷生坯进行非等温热失重分析。样品过 0.15mm（100 目）筛，称取样品质量约为 15.0mg，且每个测试条件至少重复测试 3 次以保证热失重数据的可靠性。惰性气氛测试条件：载气为高纯氩气（99.999%），吹扫/保护气流量为 20mL/min，升温速率为 2.5℃/min、5℃/min、10℃/min、15℃/min 和 20℃/min，温度范围为 35 ~ 900℃。空气气氛测试条件：载气为空气，升温速率为 5℃/min、8℃/min、10℃/min、15℃/min 和 20℃/min，温度范围为 35~900℃。

3.3　热脱脂动力学研究方法

基于 TG-DSC 联用技术，采用 Coats-Redfern 法、无模型法、M-DAEM 和 M-PRM 模型，研究 SiAlON 陶瓷生坯热脱脂反应机理，其具体技术路线如图 3-1 所示。

3.3.1　动力学基本方程

凝胶注模陶瓷生坯热脱脂过程中，聚合物的非等温热降解反应速率方程（$d\alpha/dt$）可表示为：

$$\frac{d\alpha}{dt} = k(T)f(\alpha) \tag{3-1}$$

$$\alpha = \frac{m_0 - m_t}{m_0 - m_\infty} \tag{3-2}$$

$$k(T) = k_0 \exp\left(-\frac{E}{RT}\right) \tag{3-3}$$

式中，α 为生坯中聚合物的转化率；m_0、m_t 和 m_∞ 分别为聚合物的初始、t 时刻及最终质量；$f(\alpha)$ 为反应机理函数；$k(T)$ 为 Arrhenius 速率常数；k_0 为指前因

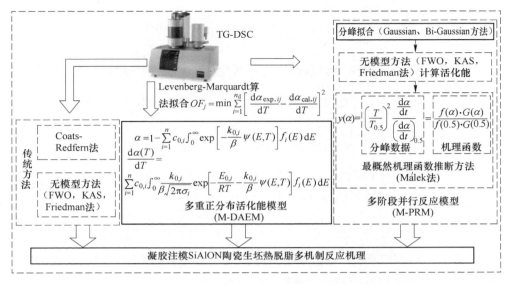

图 3-1　热脱脂反应机理技术路线

子；E 为活化能；R 为理想气体常数；T 为温度。

将升温速率函数 $\beta = \mathrm{d}T/\mathrm{d}t$ 代入反应速率方程，则式（3-1）可表示为：

$$\frac{\mathrm{d}\alpha}{\mathrm{d}T} = \frac{k_0}{\beta}\exp\left(-\frac{E}{RT}\right)f(\alpha) \tag{3-4}$$

对于简单反应动力学机理函数微分形式 $f(\alpha)$，将凝胶热脱脂过程可以看作等温均相反应，采用 $f(\alpha) = (1-\alpha)^n$ 表示反应机理函数，反应速率方程的微分形式可表示为：

$$\frac{\mathrm{d}\alpha}{\mathrm{d}T} = kf(\alpha) = \frac{k_0}{\beta}\exp\left(-\frac{E}{RT}\right)(1-\alpha)^n \tag{3-5}$$

式中，n 为反应级数；β 为升温速率。

聚合物非等温热降解反应机理函数的积分形式 $g(\alpha)$ 可表示为：

$$g(\alpha) = \int_0^\alpha \frac{\mathrm{d}\alpha}{f(\alpha)} \approx \frac{k_0}{\beta}\int_0^T \exp\left(-\frac{E}{RT}\right)\mathrm{d}T = \frac{k_0 E}{\beta R}p(y) \tag{3-6}$$

式中，$y = E/(RT)$；$p(y) = -\int_\infty^y \frac{\exp(-y)}{y^2}\mathrm{d}y$。

3.3.2　活化能求解方法

3.3.2.1　Coats-Redfern 方法

采用 Coats-Redfern 方法（以下简称 C-R 法），对不同加热速率下的非等温热失重数据分别进行处理，可描述为：

$$\ln\left[\frac{g(\alpha)}{T^2}\right] = \ln\left[\frac{k_0 R}{\beta E}\left(1 - \frac{2RT}{E}\right)\right] - \frac{E}{RT} \tag{3-7}$$

对于典型的反应区和绝大多数的表观活化能 E，$2RT/E \ll 1$，式（3-7）中的 $\ln\left[\frac{k_0 R}{\beta E}\left(1 - \frac{2RT}{E}\right)\right]$ 可近似为常数 $\ln\left(\frac{k_0 R}{\beta E}\right)$ [149]，则式（3-7）可简化为：

$$\ln\left[\frac{-\ln(1-\alpha)}{T^2}\right] = \ln\left(\frac{k_0 R}{\beta E}\right) - \frac{E}{RT}, \qquad n = 1 \tag{3-8}$$

$$\ln\left[\frac{1-(1-\alpha)^{1-n}}{T^2(1-n)}\right] = \ln\left(\frac{k_0 R}{\beta E}\right) - \frac{E}{RT}, \qquad n \neq 1 \tag{3-9}$$

$n = 1$ 时，以 $\ln\left[\frac{-\ln(1-\alpha)}{T^2}\right]$ 对 $1/T$ 作图；$n \neq 1$ 时，以 $\ln\left[\frac{1-(1-\alpha)^{1-n}}{T^2(1-n)}\right]$ 对 $1/T$ 作图，获得回归直线，通过该直线的斜率 $-E/R$ 和截距 $\ln[k_0 R/(\beta E)]$ 求得凝胶聚合物热脱除过程的动力学参数（E 和 k_0）。

3.3.2.2　无模型方法

为探索凝胶注模 SiAlON 陶瓷生坯热脱除 DMAA/MBAM 聚合物的反应机理，并确定每个热解阶段的动力学参数，本节采用三种常用的无模型方法，即 FWO、Friedman 和 KAS 方法，研究生坯中 DMAA/MBAM 聚合物的热解动力学。

FWO 方法基于 Doyle 近似方程[150]对温度积分函数进行处理。将 Doyle 近似方程 $\ln p(y) = -5.331 - 1.052y$ 与式（3-6）联立，可得 FWO 方程式为：

$$\ln\beta = \ln\frac{k_0 E}{Rg(\alpha)} - 5.331 - 1.052\frac{E}{RT} \tag{3-10}$$

式中，$g(\alpha) \approx \frac{k_0 E}{\beta R}\left[0.0048\exp\left(-1.052\frac{E}{RT}\right)\right]$。

KAS 方法基于 Coats-Redfern 近似，即 $p(y) = \exp(-y)/y^2$，将式（3-6）经重排后可表示为 $g(\alpha) = \frac{k_0 E}{\beta R}\exp(-y/y^2)$；然后对该方程两边取对数，则 KAS 方法的数学表达式为[151]：

$$\ln\frac{\beta}{T^2} = \ln\frac{k_0 R}{Eg(\alpha)} - \frac{E}{RT} \tag{3-11}$$

在等转化率条件下，通过 $\ln(\beta/T^2)$ 对 $1/T$ 作图获得的回归直线的截距 $-E/R$，可计算获得表观活化能 E。

Friedman 差分法是一种基于速率方程的对数形式的等转换率方法[120]，其数学表达为：

$$\ln \frac{d\alpha}{dT} = \ln \left[\frac{k_0}{\beta} f(\alpha) \right] - \frac{E}{RT} \tag{3-12}$$

通过绘制 $\ln \left(\beta \frac{d\alpha}{dT} \right)$ 对 $1/T$ 的回归线，基于该回归线的斜率获得表观活化能 E。

3.3.2.3　多重正态分布活化能模型

假设 SiAlON 生坯中的 DMAA/MBAM 凝胶体系含有 m 个独立且遵循一阶反应的基准物质，因此整个热脱脂过程 DMAA/MBAM 聚合物的热解过程可认为是这 m 种假设物质独立反应的加权，且每个假设物质的热解反应动力学均可由 DAEM 来描述，则多重正态分布活化能模型（M-DAEM）的标准方程可表示为[144, 146]：

$$\frac{d\alpha(T)}{dT} = \sum_{i=1}^{m} c_i \int_0^\infty \frac{k_{0,i}}{\beta \sqrt{2\pi} \sigma_i} \exp \left[-\frac{E}{RT} - \frac{k_{0,i}}{\beta} \psi(E, T) \right] f_i(E) dE \tag{3-13}$$

$$f_i(E) = \frac{1}{\sigma_i \sqrt{2\pi}} \exp \left[\frac{-(E - E_{0,i})^2}{2\sigma_i^2} \right] \tag{3-14}$$

$$\psi(E, T) = \int_0^T \exp \left(-\frac{E}{RT} \right) dT \tag{3-15}$$

式中，c_i 表示假定的第 i 种假设物质热解出的气体组分含量；下标 i 代表第 i 个假设物质（$i = 1, 2, 3, \cdots, m$）；$\psi(E, T)$ 为 Boltzmann 因子的积分函数。

采用 Fong-Hong-Zou 积分近似算法，对温度积分函数进行简化，将式（3-13）中的两次积分转化为一次积分降低计算量[123, 152]，则简化后的 $\psi(E, T)$ 可表示为：

$$\psi(E, T) \approx \frac{E}{R} \frac{\exp(-u)}{u^2} \frac{u^4 + 18u^3 + 86u^2 + 96u}{u^4 + 20u^3 + 120u^2 + 240u + 120} \tag{3-16}$$

式中，$u = E/(RT)$。

基于不同加热速率下的非等温 TG 数据，采用 Levenberg-Marquardt 算法[123]，计算多重正态分布活化能模型中的未知动力学参数 $k_{0,i}$、$E_{0,i}$ 和 σ_i，其目标函数（F_j）可表示为[122]：

$$F_j = \min \sum_{i=1}^{n_d} \left[\left(\frac{d\alpha}{dT} \right)_{\exp, ij} - \left(\frac{d\alpha}{dT} \right)_{cal, ij} \right]^2 \tag{3-17}$$

式中，i 为采用的数据点；j 为升温速率；n_d 为数据点的数量；$(d\alpha/dT)_{\exp, ij}$ 为升温速率 j 的实验数据；$(d\alpha/dT)_{cal, ij}$ 为式（3-13）计算出的一系列参数数据。

模型的拟合质量参数（单位为%）为：

$$\text{Fit} = 100 \sqrt{\sum_{i=1}^{n_d} (\alpha_{\exp, i} - \alpha_{cal, i})^2 / N_p} \tag{3-18}$$

式中，$\alpha_{exp,i}$ 和 $\alpha_{cal,i}$ 分别为实验数据和计算数据；N_p 为未知参数的数量。

3.3.2.4　多阶段并行反应模型

多阶段并行反应模型（M-PRM）是一种有效的多峰拟合模型，它视整个热解过程为几个独立反应的加权，并分别对每个子阶段进行动力学分析，确定各子阶段相应的动力学参数。假设每个子峰表示该过程中的单个假设物质的独立反应，加权因子是每个阶段的质量损失与总质量损失的比率，则热解阶段 i 的动力学方程的微分形式的数学表达式为[124]：

$$\frac{d\alpha_i}{dT} = k_{0,i}/\beta \exp\left(\frac{-E_i}{RT}\right) f_i(\alpha_i) \tag{3-19}$$

反应阶段 i 的加权因子 r_i，可用以下公式计算：

$$r_i = \frac{m_{i0} - m_{if}}{m_0 - m_f}, \quad \sum_{i=1}^{N} r_i = 1 \tag{3-20}$$

则，整个阶段的转化率 α 和活化能 E 可用式（3-21）和式（3-22）描述：

$$\alpha = \frac{m_0 - m_T}{m_0 - m_f} = \sum_{i=1}^{N} r_i \alpha_i \tag{3-21}$$

$$E = \sum_{i=1}^{N} r_i E_i \tag{3-22}$$

式中，m_{i0}、m_{if} 分别为反应阶段 i 中所对应反应物的初始和最终质量；m_T 为聚合物在温度 T 时的质量。

多峰拟合方法采用适当的峰值拟合函数来匹配 DTG 或 $d\alpha/dT$ 曲线中的多个重叠峰。通常可采用高斯分布函数（Gaussian distribution function，见式（3-23））和非对称双高斯函数（Asymmetric bi-Gaussian function，见式（3-24））来拟合 DTG 或 $d\alpha/dT$ 曲线，本研究采用高斯分布函数拟合 $d\alpha/dT$ 曲线。

$$y = y_0 + \frac{A}{w\sqrt{\pi/2}} e^{-2\frac{(x-x_c)^2}{w^2}} \tag{3-23}$$

式中，A 为峰面积；w 为半峰宽；y_0 和 x_c 为实数常数。

$$y = \begin{cases} y_0 + He^{-\frac{(x-x_c)^2}{2w_1^2}} & \text{当 } x < x_c \\ y_0 + He^{-\frac{(x-x_c)^2}{2w_2^2}} & \text{当 } x \geq x_c \end{cases} \tag{3-24}$$

式中，w_1 和 w_2 为非对称峰的两个半峰宽；H 为峰高。

以式（3-25）为目标函数，式（3-26）为评价函数 χ^2，采用 Levenberg-Marquardt 算法对曲线进行多峰拟合。

$$SS = \min \sum_{i=1}^{n} r_i \left[y_i - f_i(\alpha_i; P) \right]^2 \tag{3-25}$$

$$\chi^2 = \sum_{i=1}^{m} (y_i - f_i)^2 \tag{3-26}$$

对于活化能随转化率显著变化的情况，常规的单一反应模型并不适用。经多阶段并行反应模型获得热脱脂的热解阶段，采用上述无模型方法求解各热解阶段的动力学参数（E 和 k_0），并基于变活化能模型描述活化能和转化率间的依赖性。变活化能模型的数学表达式为：

$$\beta \frac{\mathrm{d}\alpha}{\mathrm{d}T} = k(\alpha)\exp\left[-\frac{E(\alpha)}{RT}\right]f(\alpha) \tag{3-27}$$

式中，$\ln[k(\alpha)] = p_1 + p_2\alpha + p_3\alpha^2 + p_4\alpha^3$；$E(\alpha) = p_5 + p_6\alpha + p_7\alpha^2 + p_8\alpha^3$。

两边取对数，上述方程转变为

$$\ln\left(\beta \frac{\mathrm{d}\alpha}{\mathrm{d}T}\right) = \ln[k(\alpha)f(\alpha)] - \frac{E(\alpha)}{RT} \tag{3-28}$$

在等转换率条件下，绘制 $\ln\left(\beta \dfrac{\mathrm{d}\alpha}{\mathrm{d}T}\right)$ 对 $1/T$ 的回归直线，通过直线的斜率获得活化能 $E(\alpha)$，并采用多项式回归拟合获得模型参数（p_5、p_6、p_7 和 p_8）。基于 $f(\alpha)$、$E(\alpha)$、$\mathrm{d}\alpha/\mathrm{d}t$、$T$ 和 α 数据，采用 Microsoft Excel 软件中的广义简约梯度（GRG）算法，通过最小化目标函数（OF）获得模型参数（p_1、p_2、p_3 和 p_4）。

$$OF = \sum \left[\left(\frac{\mathrm{d}\alpha}{\mathrm{d}t}\right)_{\exp} - \left(\frac{\mathrm{d}\alpha}{\mathrm{d}t}\right)_{\mathrm{pred}}\right]^2 \tag{3-29}$$

式中，$(\mathrm{d}\alpha/\mathrm{d}t)_{\exp}$ 和 $(\mathrm{d}\alpha/\mathrm{d}t)_{\mathrm{pred}}$ 分别为反应速率（$\mathrm{d}\alpha/\mathrm{d}t$）的实验数据和预测数据。

3.3.3　最概然机理函数推断

3.3.3.1　Málek 法

Málek 方法[124, 153]是确定反应机理函数 $f(\alpha)$ 和 $G(\alpha)$ 的一种有效方法。Málek 方法认为 $f(\alpha)$ 函数与 $y(\alpha)$ 函数成一定比例，且可通过 TG 数据进行简单变换获得。在等转化率条件下，以 $\alpha = 0.5$ 为参照点，$y(\alpha)$ 函数的数学表达式为：

$$y(\alpha) = \left(\frac{T}{T_{0.5}}\right)^2 \frac{\dfrac{\mathrm{d}\alpha}{\mathrm{d}t}}{\left(\dfrac{\mathrm{d}\alpha}{\mathrm{d}t}\right)_{0.5}} = \frac{f(\alpha) \cdot G(\alpha)}{f(0.5) \cdot G(0.5)}, \quad \alpha = 0.5 \tag{3-30}$$

式中，$y(\alpha)$ 为定义函数；$f(\alpha)$ 和 $G(\alpha)$ 分别为最概然机理函数的微分和积分形式；$T_{0.5}$ 和 $(\mathrm{d}\alpha/\mathrm{d}t)_{0.5}$ 分别为转化率为 0.5 时的温度和反应速率。

$f(\alpha)$ 可由理论曲线 $y(\alpha)$ 推断获得，将 α_i、$y(\alpha_i)(i = 1,\ 2,\ \cdots,\ j)$ 和 $\alpha = 0.5$、$y(0.5)$，代入以下方程，通过 $f(\alpha) \cdot G(\alpha)/f(0.5) \cdot G(0.5)$ 对 α 作图，可

绘制理论曲线：

$$y(\alpha) = \frac{f(\alpha) \cdot G(\alpha)}{f(0.5) \cdot G(0.5)} \tag{3-31}$$

将 α_i，T_i，$(\mathrm{d}\alpha/\mathrm{d}t)_i$（$i = 1, 2, \cdots, j$）和 $\alpha = 0.5$，$T_{0.5}$，$(\mathrm{d}\alpha/\mathrm{d}t)_{0.5}$ 代入式 (3-32)，通过 $(T/T_{0.5})^2 (\mathrm{d}\alpha/\mathrm{d}t)/(\mathrm{d}\alpha/\mathrm{d}t)_{0.5}$ 对 α 作图，可绘制实验曲线：

$$y(\alpha) = \left(\frac{T}{T_{0.5}}\right)^2 \frac{\left(\dfrac{\mathrm{d}\alpha}{\mathrm{d}t}\right)}{\left(\dfrac{\mathrm{d}\alpha}{\mathrm{d}t}\right)_{0.5}} \tag{3-32}$$

若实验数据与理论曲线重合或者大部分值都落在该曲线上，则可认为其对应的 $f(\alpha)$ 和 $G(\alpha)$ 为最概然机理函数，其常用的数学表达式见表 3-1。

表 3-1　常用的固态反应机理函数的数学表达式

编号	模　型	微分形式	积分形式
一、扩散模型			
1	1D	$f(\alpha) = \dfrac{1}{2}\alpha^{-1}$	$G(\alpha) = \alpha^2$
2	2D Diffusion-Valensi $D\text{-}V_2$	$f(\alpha) = [-\ln(1-\alpha)]^{-1}$	$G(\alpha) = \alpha + (1-\alpha)\ln(1-\alpha)$
3	2D Diffusion-Jander $D\text{-}J_2$	$f(\alpha) = 4(1-\alpha)^{\frac{1}{2}}[1-(1-\alpha)^{\frac{1}{2}}]^{\frac{1}{2}}$	$G(\alpha) = [1-(1-\alpha)^{\frac{1}{2}}]^{\frac{1}{2}}$
4	3D Diffusion-Jander $D\text{-}J_3$	$f(\alpha) = 6(1-\alpha)^{\frac{2}{3}}[1-(1-\alpha)^{\frac{1}{3}}]^{\frac{1}{2}}$	$G(\alpha) = \left[1-(1-\alpha)^{\frac{1}{3}}\right]^{\frac{1}{2}}$
5	3D Diffusion-Ginstlin-Brounshtein $D\text{-}GB_3$	$f(\alpha) = \dfrac{3}{2}[(1-\alpha)^{-\frac{1}{3}}-1]^{-1}$	$G(\alpha) = 1-\dfrac{2}{3}\alpha - (1-\alpha)^{\frac{2}{3}}$
6	3D Zhuravlev-Lesokin-Tempelman $D\text{-}ZLT_3$	$f(\alpha) = \dfrac{3}{2}(1-\alpha)^{\frac{4}{3}}$ $[(1-\alpha)^{-\frac{1}{3}}-1]^{-1}$	$G(\alpha) = [(1-\alpha)^{-\frac{1}{3}}-1]^2$
二、Sigmoidal 速率方程			
7	Avarami-Erofeev A_3	$f(\alpha) = 3(1-\alpha)[-\ln(1-\alpha)]^{\frac{2}{3}}$	$G(\alpha) = [-\ln(1-\alpha)]^{\frac{1}{3}}$
8	Avarami-Erofeev A_4	$f(\alpha) = 4(1-\alpha)[-\ln(1-\alpha)]^{\frac{3}{4}}$	$G(\alpha) = [-\ln(1-\alpha)]^{\frac{1}{4}}$
三、反应级数模型			
9	Second-order F_2	$f(\alpha) = (1-\alpha)^2$	$G(\alpha) = (1-\alpha)^{-1}-1$
10	Third-order F_3	$f(\alpha) = (1-\alpha)^3$	$G(\alpha) = -\dfrac{1}{2}(1-(1-\alpha)^{-2})$
11	Fourth-order F_4	$f(\alpha) = (1-\alpha)^4$	$G(\alpha) = -\dfrac{1}{3}(1-(1-\alpha)^{-3})$

编号	模　型	微分形式	积分形式
四、指数法则模型			
12	First-order E_1	$f(\alpha) = \alpha$	$G(\alpha) = \ln\alpha$
13	Second-order E_2	$f(\alpha) = \dfrac{1}{2}\alpha$	$G(\alpha) = \ln\alpha^2$
五、Šesták-Berggren 模型			
14	Šesták-Berggren SB	$f(\alpha) = (1-\alpha)^n \cdot \alpha^m \cdot [-\ln(1-\alpha)]^p$	$G(\alpha) = \displaystyle\int_0^\alpha \dfrac{\mathrm{d}\alpha}{f(\alpha)}$

3.3.3.2　Šesták-Berggren 模型

Šesták 和 Berggren 于 1971 年提出了用于描述固态反应机理动力学的三参数转换函数，称之为 Šesták-Berggren（SB）模型。该模型是基于模型拟合方法描述单步组合动力学反应机制的有力工具[154]，其数学表达式可描述为：

$$f(\alpha) = (1-\alpha)^n \cdot \alpha^m \cdot [-\ln(1-\alpha)]^p \tag{3-33}$$

式中，n、m 和 p 分别为反应级数、幂律和扩散机制指数因子（通常为非整数）。

则，式（3-1）可转变为：

$$\frac{\mathrm{d}\alpha}{\mathrm{d}t} = k_0 \cdot \exp\left(-\frac{E}{RT}\right) \cdot (1-\alpha)^n \cdot \alpha^m \cdot [-\ln(1-\alpha)]^p \tag{3-34}$$

将 $\mathrm{d}\alpha/\mathrm{d}t$，$T$ 和 α 实验数据代入式（3-32）获得 $y(\alpha)_{\exp}$，将 $f(\alpha)$、$G(\alpha)$、$f(0.5)$ 和 $G(0.5)$ 代入式（3-31）获得 $y(\alpha)_{\mathrm{pred}}$，基于 GRG 算法，通过最小化目标函数（OF）获得模型参数（m、n 和 p）。

$$\mathrm{OF} = \sum \left[y(\alpha)_{\exp} - y(\alpha)_{\mathrm{pred}}\right]^2 \tag{3-35}$$

式中，$y(\alpha)_{\exp}$ 和 $y(\alpha)_{\mathrm{pred}}$ 分别代表 $y(\alpha)$ 的实验数据和预测数据。

结合第 2 章的 TG、DTG 及 $\mathrm{d}^2\alpha/\mathrm{d}T^2$ 曲线可知，惰性和空气两种气氛下，整个热降解脱脂过程包括多个反应阶段，单一反应模型难以精准描述。为此，本书提出采用 M-PRM 模型对整个热脱脂过程进行描述，首先基于 Gaussian 多峰拟合方法对热脱脂过程进行热解阶段分析，并基于无模型方法和变活化能模型计算各阶段的动力学参数；继而综合采用常用机理函数和可描述单步组合动力学反应机制的 SB 模型，获得各阶段的最概然机理函数，最终实现对整个热脱脂动力学行为的预测，具体的计算流程如图 3-2 所示。

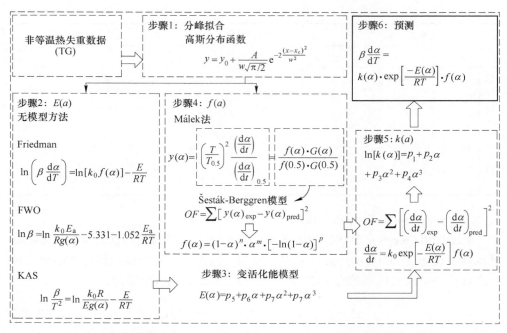

图 3-2　聚合物热解过程最概然机理函数的确定和动力学参数求解流程图

3.4　氩气气氛生坯热脱脂动力学研究

3.4.1　氩气气氛 TG-DTG 分析

　　图 3-3 所示为生坯分别在不同升温速率（2.5℃/min、5℃/min、15℃/min 和 20℃/min）下的 TG-DTG 曲线。由图可知，不同升温速率下，TG 和 DTG 曲线呈现相似的变化趋势。低于 200℃时，TG 曲线存在一个较小的质量损失，为聚合物中残余水分（游离/结合水）的脱除。在 200~600℃的温度区间内存在两个较大的失重峰，对应于 DMAA/MBAM 聚合物的主要热解阶段。DTG 曲线存在两个较大的失重速率强峰，且随升温速率的增加，DMAA/MBAM 聚合物的最大热解温度峰值也随之上升，见表 3-2。

　　然而，不同升温速率下，TG 和 DTG 曲线也存在一定差异。由 TG 曲线可知，低于 420℃时，随升温速率的增加，样品的最终质量损失略微降低。以 2.5℃/min 为例，在 420℃时，约 76.5% 的聚合物已完成降解，样品总质量损失约为 7.5%；而在 420~900℃温度区间内，随着升温速率增加，样品最终质量损失呈现反转趋势。由表 3-2 可知，在 900℃时，2.5℃/min、5℃/min、15℃/min 和

20℃/min升温速率的最终质量损失分别为9.79%、9.32%、8.42%和9.21%。造成这种现象的原因有以下两点：（1）相较于低升温速率，高升温速率下样品更易开裂，使得热解气体产物更快被释放。（2）当升温速率增加时，部分聚合物不能充分热解并快速释放气体产物从而导致热滞后。此外还发现，随升温速率增加，DTG曲线中的最大降解温度峰值向高温区域偏移。

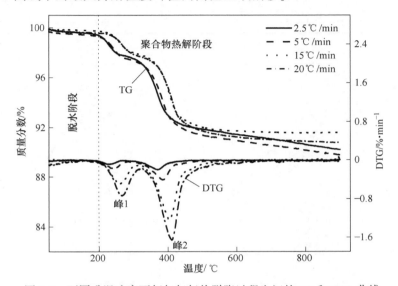

图3-3 不同升温速率下氩气气氛热脱脂过程生坯的TG和DTG曲线

表3-2 不同升温速率下的DTG曲线中的最大降解温度峰值

升温速率 /℃·min^{-1}	峰1 /℃	峰2 /℃	峰高（峰1） /%·℃$^{-1}$	峰高（峰2） /%·℃$^{-1}$	最大失重 /%
2.5	210	399	0.05	0.08	9.79
5	212	401	0.07	0.28	9.32
15	220	405	0.15	1.23	8.42
20	268	411	0.73	1.66	9.21

3.4.2 传统的全局动力学分析

3.4.2.1 C-R法求解活化能

根据C-R法，计算生坯热脱脂动力学参数。基于Microsoft Excel软件中的GRG算法，以动力学方程相关系数R^2值最大为优化目标，获得各升温速率下的反应级数n值和动力学参数，见表3-3。图3-4所示为基于C-R法获得升温速率分别为2.5℃/min、5℃/min、15℃/min和20℃/min下的动力学方程及其相关系数。

表 3-3   **C-R 法获得的动力学参数**（氩气气氛）

$\beta/℃·min^{-1}$	n	R^2	$E/kJ·mol^{-1}$	k_0/s^{-1}
2.5	2.977	0.941	45.291	5.175
5	2.744	0.943	44.803	7.072
15	0.749	0.931	33.243	0.666
20	1.455	0.929	38.681	3.426

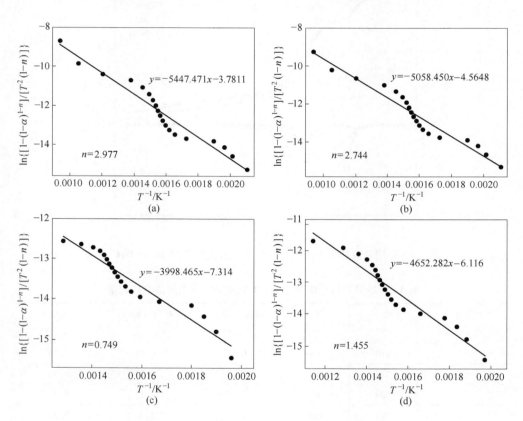

图 3-4   基于 C-R 法获得的最佳拟合方程

（a）$\beta=2.5℃/min$；（b）$\beta=5℃/min$；（c）$\beta=15℃/min$；（d）$\beta=20℃/min$

由图 3-4 和表 3-3 可知，不同升温速率下，生坯中 DMAA/MBAM 共聚物的热降解反应的反应级数存在较大差异，当升温速率 β 为 2.5℃/min、5℃/min、15℃/min 和 20℃/min 时，热降解脱脂过程分别遵循 2.977、2.744、0.749 和 1.455 级化学反应。动力学参数对加热速率敏感，活化能 E 和指前因子 k_0 的取值范围分别为 33.24~45.29kJ/mol 和 0.67~7.07s^{-1}；随着 β 的增大，活化能 E 的值呈先减小后增大的趋势，反应过程极为复杂。

3.4.2.2 无模型法求解活化能

氩气气氛下，基于无模型方法（FWO、KAS 和 Friedman）计算生坯热脱脂过程的表观活化能 E 随转化率 α（$\alpha = 0.025 \sim 0.975$）的变化曲线，如图 3-5 所示。

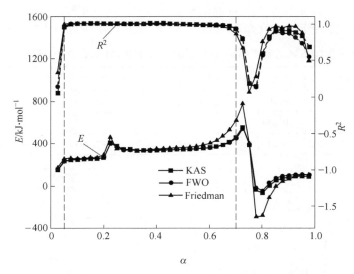

图 3-5　采用 FWO、KAS 和 Friedman 方法获得的氩气气氛热脱脂过程中不同
转化率下的活化能 E 和动力学方程的相关系数 R^2

由图 3-5 可知，在 0.05~0.7 的转化率范围内，三种方法获得的动力学方程的相关系数 R^2 均大于 0.91，FWO、KAS 和 Friedman 方法获得的 E 的变化范围分别为 221.49~327.56kJ/mol、222.22~333.27kJ/mol 和 121.75~490.08kJ/mol。但在热解过程前期（$\alpha<0.05$）和后期（$\alpha>0.7$），R^2 值较低，且活化能为负值，计算结果并不准确。该现象可能是由于此过程受二次化学反应或自催化反应、扩散等多种反应机制的综合影响。

三种方法估算的活化能 E 曲线的总体趋势基本一致，但数值存在明显的波动现象，活化能的大幅波动表明 DMAA/MBAM 凝胶聚合物的热解过程由复杂的多个反应机制协同作用。相关研究表明，由 FWO 和 KAS 积分方法计算获得的活化能通常因其内在性质不同而相互不同[120, 155]。两种方法都基于活化能与转化率无关的假设，并且通过不同的近似算法求解温度积分函数。然而，这种情况显然不适用于具有多阶段反应的过程，并易引入系统误差[156]。而 Friedman 方法无须近似处理，主要取决于实验数据，因此计算的动力学参数具有更高的准确性。

3.4.3　M-DAEM 求解活化能

惰性气氛下，基于 DMAA/MBAM 聚合物含有 3 个独立且遵循一阶反应的伪物质的假设，采用三平行分布活化能模型（3-DAEM），按照方程式（3-13）~式（3-18）计算生坯热降解脱除 DMAA/MBAM 聚合物过程中三种假设成分的热解动力学参数（$E_{0,i}$，$k_{0,i}$ 和 σ_i），计算结果见表 3-4。图 3-6 所示为三个假设物质的热解过程的活化能分布函数 $f(E)$ 和 $d\alpha/dT$ 曲线分析结果（$\beta = 5℃/min$）。

表 3-4　采用 3-DAEM 计算获得的生坯中 DMAA/MBAM 聚合物的热降解动力学参数

聚合物组分	c_i	$k_{0,i}/s^{-1}$	$E_{0,i}/kJ \cdot mol^{-1}$	$\sigma_i/kJ \cdot mol^{-1}$
假设物质 1	0.202	$1.641×10^9$	115.720	3.541
假设物质 2	0.559	$1.641×10^9$	147.616	3.448
假设物质 3	0.239	$1.641×10^9$	197.765	48.610

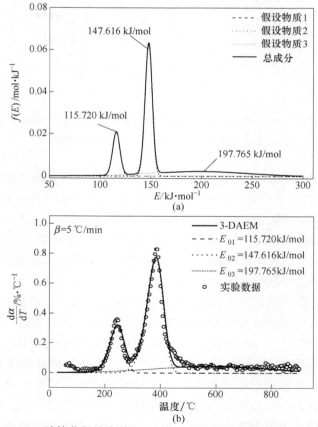

图 3-6　采用 3-DAEM 计算获得的热脱脂过程中三种假设基准物质的 $f(E)$ 和 $d\alpha/dT$ 曲线

（a）$f(E)$；（b）$d\alpha/dT$

由表 3-4 和图 3-6（a）可知，三种假设物质的平均活化能 $E_{0,i}$ 分别为 115.720kJ/mol、147.616kJ/mol 和 197.765kJ/mol，而标准偏差 σ_i 分别为 3.541kJ/mol、3.448kJ/mol 和 48.610kJ/mol。可知从假设物质 1 至 3，进行热解反应的活化能值依次增加，反应愈加困难。标准偏差 σ_i 的顺序为 $\sigma_3 > \sigma_1 > \sigma_2$。因此假设物质 3 的热解范围分布最宽，其次为假设物质 1，而假设物质 2 的热解范围分布最窄。由图 3-6（b）可知，在 5℃/min 升温速率下，模型预测的 $\mathrm{d}\alpha/\mathrm{d}T$ 曲线呈双峰分布，且与 $\mathrm{d}\alpha/\mathrm{d}T$ 实验曲线的重合度较高，拟合误差小于 1.31%，表明 3-DAEM 能够很好地描述惰性气氛下凝胶注模生坯的热脱脂动力学。

图 3-7 和图 3-8 所示分别为采用 C-R 和 3-DAEM 法获得的 α 与 $\mathrm{d}\alpha/\mathrm{d}T$ 曲线与实验数据对比。表 3-5 给出了不同升温速率下，两种方法预测的 α 曲线的拟合质量参数。

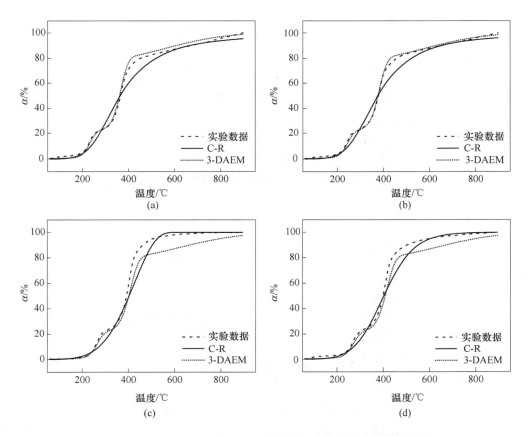

图 3-7　采用 C-R 和 3-DAEM 法计算获得 α 曲线与实验数据对比
（a）2.5℃/min；（b）5℃/min；（c）15℃/min；（d）20℃/min

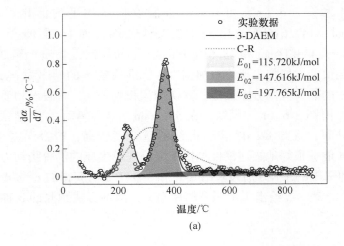

(a)

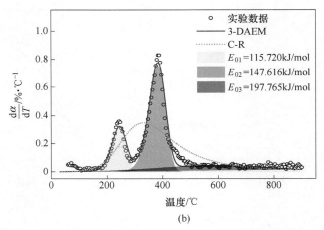

(b)

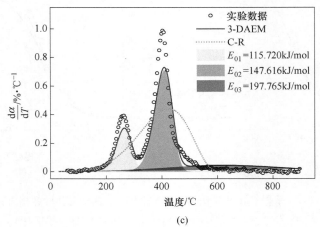

(c)

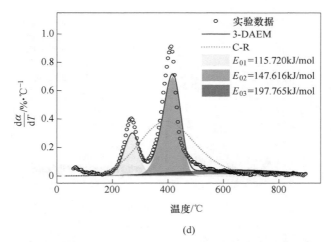

图 3-8 采用 C-R 和 3-DAEM 法获得的 $d\alpha/dT$ 曲线与实验数据对比

(a) 2.5℃/min；(b) 5℃/min；(c) 15℃/min；(d) 20℃/min

表 3-5 C-R 和 3-DAEM 三种模型的适应性对比

模 型	拟合质量参数 Fit/%			
	2.5℃/min	5℃/min	15℃/min	20℃/min
C-R	4.581	4.444	5.715	5.120
3-DAEM	2.336	1.309	7.064	5.344

由图 3-7、图 3-8 和表 3-5 可知，低于 500℃ 时，3-DAEM 方法预测的 α 与 $d\alpha/dT$ 曲线与实验数据的吻合度远高于 C-R 法；而高于 500℃ 后，随升温速率的升高，3-DAEM 预测结果偏差有所增加，这是由于模型的数据处理方法和模型假设的不同带来的偏差。对于低升温速率（<5℃/min）的凝胶注模陶瓷生坯热脱脂过程，3-DAEM 方法的预测 DMAA/MBAM 共聚物的热降解动力学更为准确。

3.4.4 M-PRM 求解活化能

根据 $d^2\alpha/dT^2$ 曲线可知，惰性气氛下，整个热降解脱脂过程包括三个子反应阶段。若进一步增加拟合峰个数 i 的值，可能会获得更好的拟合值，但不一定改善拟合质量，不仅会大幅延长计算时间也存在过度拟合的风险[157]。因此，本书基于 Gaussian 分峰拟合方法，将不同升温速率下的 $d\alpha/dT$ 曲线划分为三个热解峰。图 3-9 所示为不同升温速率下 $d\alpha/dT$ 曲线的分峰拟合结果分析，各子峰的加权因子见表 3-6。

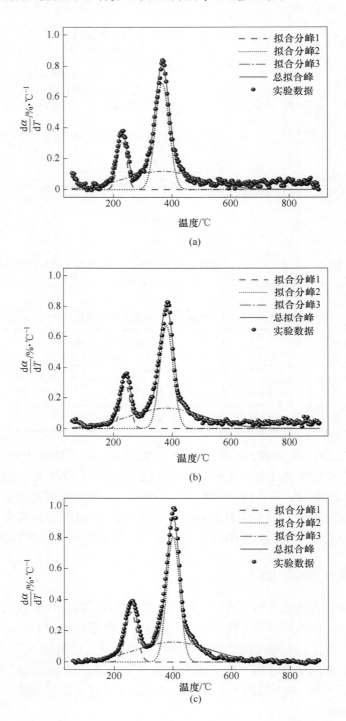

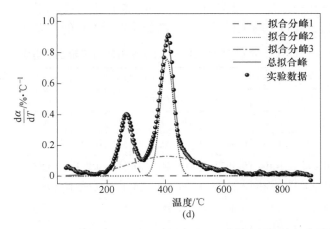

图 3-9　惰性气氛下不同升温速率下的 dα/dT 曲线的多峰拟合结果

（a）2.5℃/min；（b）5℃/min；（c）15℃/min；（d）20℃/min

表 3-6　不同升温速率下各子峰的加权因子

子峰	加权因子 r_i			
	2.5℃/min	5℃/min	15℃/min	20℃/min
峰 1	0.122	0.116	0.154	0.170
峰 2	0.404	0.378	0.438	0.430
峰 3	0.379	0.423	0.409	0.409

　　由图 3-9 可知，三种假设物质热解反应的加权构成了 DMAA/MBAM 聚合物热降解的总反应历程。不同加热速率下，三个子峰呈现不同的分布特征。峰 3 分布范围最宽，而峰 1 和峰 2 呈现相对较窄的分布特性，表明假设物质 3 的热解反应为最强热解阶段。第一个子阶段（峰 1），聚合物侧链中的弱键（如 C—O、C—N）断裂形成氨、胺或酯类等特征化合物（见图 3-2）。随着温度的升高，分子内产生环化反应，除上述提到的特征化合物外，来自聚合物中的环己烷环己胺、等物质从大分子链中裂解出来，该过程涉及第二个子阶段（即峰 2）。第三个子阶段（即峰 3）贯穿整个热解温度区间，认为可能涉及聚合物的单体持续解聚及反应后期的碳化或焦化反应。此外还发现，随着加热速率的增加，每个子峰的温度范围均向高温区域移动，这与升温速率过快导致反应时间不足和热滞后使得各假设物质的反应延迟有关。

　　采用三种无模型方法（FWO、KAS 和 Friedman），获得各热解阶段的动力学参数，计算结果见表 3-7。以 Friedman 方法为例，图 3-10 所示为不同转化率 α 下，三个子峰的拟合动力学方程。由表 3-7 和图 3-10 可知，三种等转化率方法获得的各子峰的拟合方程的相关系数 R^2 基本均大于 0.99，总体上，相较于 3.4.2 小节的传统整体动力学分析，经过多峰拟合后，各子峰的动力学方程的可靠性显著增加。

表 3-7　FWO、KAS 和 Friedman 方法获得的各子阶段动力学方程

子峰	α	KAS 法			FWO 法			Friedman 法		
		拟合方程		R^2	拟合方程		R^2	拟合方程		R^2
		斜率	截距		斜率	截距		斜率	截距	
峰1	0.1	−16657.398	23.157	0.993	−17648.705	37.570	0.994	−15580.918	28.705	0.996
	0.2	−15901.335	21.100	0.997	−16908.741	35.544	0.997	−14813.314	27.193	0.997
	0.3	−15291.934	19.531	0.996	−16311.237	33.999	0.997	−14253.356	26.005	0.996
	0.4	−15014.452	18.715	0.997	−16042.781	33.201	0.998	−13912.007	25.214	0.996
	0.5	−14752.281	17.942	0.998	−15789.633	32.445	0.998	−13614.144	24.459	0.996
	0.6	−14345.368	16.878	0.996	−15392.511	31.400	0.996	−13202.482	23.408	0.995
	0.7	−14486.005	16.880	0.996	−15543.225	31.422	0.996	−13455.878	23.571	0.993
	0.8	−13703.196	15.118	0.995	−14771.229	29.679	0.996	−12467.411	21.274	0.991
	0.9	−13294.380	13.959	0.996	−14378.413	28.551	0.996	−11972.302	19.573	0.992
峰2	0.1	−19158.868	19.508	0.996	−20416.916	34.397	0.996	−21057.910	30.495	0.997
	0.2	−20308.294	20.781	0.997	−21587.437	35.703	0.998	−22042.442	31.996	0.999
	0.3	−20769.688	21.129	0.997	−22062.840	36.073	0.998	−22623.695	32.745	0.999
	0.4	−21169.286	21.427	0.997	−22474.445	36.390	0.998	−23053.011	33.195	0.999
	0.5	−21863.641	22.179	0.998	−23180.474	37.159	0.998	−23693.155	33.900	0.999
	0.6	−22475.864	22.808	0.998	−23804.099	37.805	0.999	−24306.878	34.506	1.000
	0.7	−23074.889	23.353	1.000	−24416.905	38.371	1.000	−24853.112	34.865	0.999
	0.8	−24092.108	24.475	0.999	−25447.759	39.513	0.999	−26060.511	36.061	0.997
	0.9	−24610.469	24.697	1.000	−25986.232	39.764	1.000	−26133.221	35.184	0.998
峰3	0.1	−12675.847	15.128	0.998	−13666.771	29.540	0.998	−13598.236	22.808	0.998
	0.2	−15830.035	18.033	0.998	−16933.057	32.659	0.998	−16863.612	26.408	0.998
	0.3	−17736.185	19.150	0.998	−18920.328	33.918	0.998	−18904.710	27.985	0.999
	0.4	−20058.951	21.106	0.997	−21311.004	35.986	0.997	−21282.455	30.139	0.997
	0.5	−22435.536	23.031	0.999	−23753.440	38.012	0.999	−23725.804	32.203	1.000
	0.6	−24397.503	24.186	0.998	−25779.767	39.263	0.999	−25752.776	33.426	0.999
	0.7	−26689.836	25.569	0.998	−28140.745	40.744	0.999	−28097.480	34.783	0.998
	0.8	−30148.248	28.028	0.999	−31680.583	43.312	0.999	−31670.578	37.182	0.999
	0.9	−34838.050	30.910	0.999	−36482.429	46.334	0.999	−36509.310	39.788	0.999

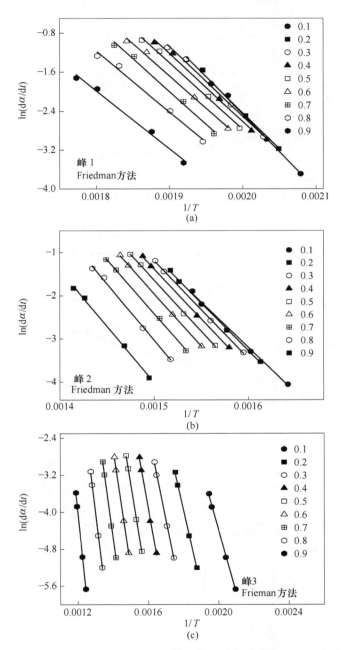

图 3-10 基于 Friedman 方法获得的不同转化率下的各子阶段 $\ln(d\alpha/dt)-1/T$ 方程

(a) 峰 1；(b) 峰 2；(c) 峰 3

图 3-11 所示为采用 FWO、KAS 和 Friedman 方法计算各子阶段的 E 随转化率

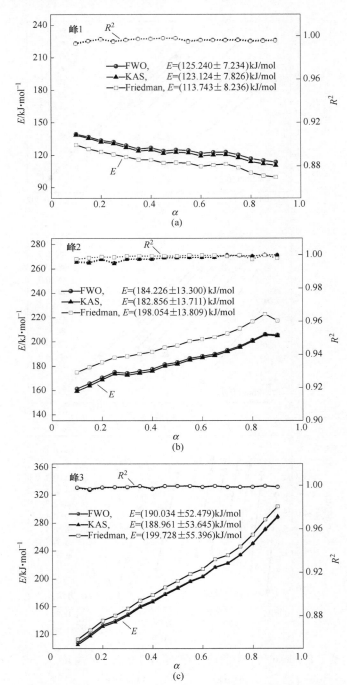

图 3-11　基于 FWO、KAS 和 Friedman 方法获得的整个热脱脂过程中每个子阶段的
活化能 E 随转化率 α 变化曲线
(a) 峰 1；(b) 峰 2；(c) 峰 3

α 的变化曲线。由图可知，三种方法获得各子峰的活化能曲线变化趋势基本一致。随热解进行反应的进行，峰 2 和峰 3 的活化能基本呈现不断增加的趋势，子峰 1 则的活化能基本呈现略微减小的趋势，这与上述分析的各假设组分的主要反应特性一致。从峰 1 至峰 3，其平均活化能的值呈现不断增加的趋势，表明三个子峰对应的聚合物组分的热解反应难度逐渐增大。同时还发现，FWO 和 KAS 计算的 E 值基本重叠，而 Friedman 方法的计算结果与前两者存在一定差异，总偏差在 6% 以内，该类偏差主要来源于实验测量误差及模型中的数学近似。

按照式 (3-27)~式(3-29)，根据变活化能模型求得各子阶段 E 与 α 间的依赖关系。以 Friedman 方法为例，子阶段 1、2 和 3 的平均活化能分别为 $E = (113.743\pm8.236)\,\mathrm{kJ/mol}$、$E = (198.054\pm13.809)\,\mathrm{kJ/mol}$ 和 $E = (199.728\pm55.396)\,\mathrm{kJ/mol}$，活化能随转化率的变化关系式分别为 $E(\alpha) = 139.862 - 110.481\alpha + 156.161\alpha^2 - 88.714\alpha^3\,\mathrm{kJ/mol}$、$E(\alpha) = 160.791 + 152.496\alpha - 236.906\alpha^2 + 163.724\alpha^3\,\mathrm{kJ/mol}$ 和 $E(\alpha) = 72.132+452.830\alpha-669.039\alpha^2+507.015\alpha^3\,\mathrm{kJ/mol}$。相较于子阶段 1 和 2，子阶段 3 对应的假设物质的热降解反应活化能值的波动范围较大 (113~303kJ/mol)。

3.4.5 最概然机理函数 $f(\alpha)$ 确定

图 3-12 所示为基于 Málek 方法获得的升温速率分别为 2.5℃/min、5℃/min、15℃/min 和 20℃/min 时，每个子阶段获得的实验与理论曲线分析结果。

由图 3-12 可知，实验曲线与表 3-1 中的任一标准曲线均不重叠，说明整个热脱脂过程并不遵循单一的反应机理。以实验曲线 $\alpha = 0.5$ 为界，子阶段 1 和 2 遵循相同的反应机理，首先遵循二阶反应级数模型 (F_2, $0<\alpha<0.5$)，继而遵循三维扩散机理函数 (D-ZLT_3, $0.5<\alpha<1$)；而子阶段 3 遵循三维扩散 D-J_3 模型

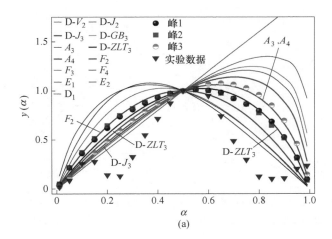

(a)

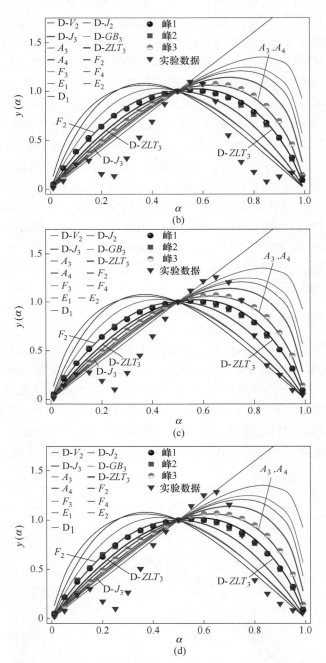

图 3-12 不同升温速率下，$y(\alpha) - \alpha$ 的理论曲线与实验曲线对比

（a）$\beta = 2.5\,℃/min$；（b）$\beta = 5\,℃/min$；（c）$\beta = 15\,℃/min$；（d）$\beta = 20\,℃/min$

（0<α<0.5）和 Sigmoidal 速率方程 A_4（0.5<α<1）。由此可知，DMAA/MBAM 聚合物的热降解反应极为复杂，是化学反应、扩散、随机成核和随后生长的综合作用。

图 3-13 所示为基于反应级数、幂律和扩散机制的组合作用的 SB 模型确定各子阶段复合动力学机制的分析结果。根据 FWO 积分方法和 Friedman 微分方法求得的 $E(\alpha)$ 和 k_0。采用 GRG 算法，根据式（3-30）获得 SB 模型的最佳模型参数（n、m 和 p），所得结果见表 3-8。图中各子峰的非线性回归拟合方程的相关系数均大于 0.99，表明 SB 模型能够很好地解释热脱脂过程聚合物的热解动力学机理。子阶段 1~3 的最概然动力学机理函数分别 $f(\alpha)=(1-\alpha)^{0.668}\alpha^{3.049}[-\ln(1-\alpha)]^{-3.874}$、$f(\alpha)=(1-\alpha)^{0.700}\alpha^{3.177}[-\ln(1-\alpha)]^{-3.962}$ 和 $f(\alpha)=(1-\alpha)^{1.049}\alpha^{-0.161}[-\ln(1-\alpha)]^{0.518}$。综上，随升温速率增加，动力学机制未发生变化，这是因为热解稳定时，聚合物的热解反应由各子阶段的主要反应物决定，这也揭示了 DMAA/MBAM 聚合物固有反应性和热稳定性。

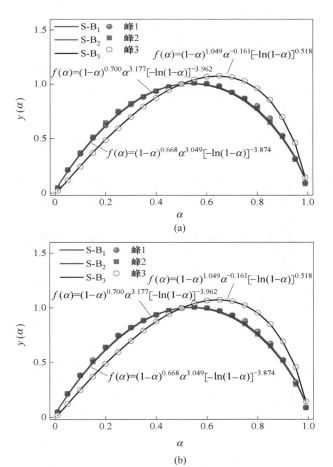

(a)

(b)

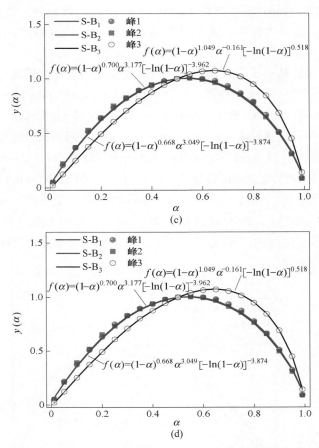

图 3-13   不同升温速率下，SB 模型 $y(\alpha)$-α 的理论曲线与实验数据对比

（a）2.5℃/min；（b）5℃/min；（c）15℃/min；（d）20℃/min

表 3-8   基于 M-PRM 法获得的各热解阶段的最佳参数组合

模型参数		峰 1	峰 2	峰 3
加权因子	γ_i	0.149	0.439	0.412
SB 模型	n	0.668	0.700	1.049
	m	3.049	3.177	-0.161
	p	-3.874	-3.962	0.518
微分法（Friedman）	$\ln\left[k(\alpha)/\text{min}^{-1}\right]$ p_1	28.309	25.174	18.920
	p_2	-13.087	40.646	53.097
	p_3	19.766	-60.199	-76.419
	p_4	-9.978	39.651	50.662

模型参数			峰 1	峰 2	峰 3
微分法 （Friedman）	$E(\alpha)/\text{kJ}\cdot\text{mol}^{-1}$	p_5	139.862	160.791	72.132
		p_6	−110.481	152.496	452.830
		p_7	156.161	−236.906	−669.039
		p_8	−88.714	163.724	507.015
积分法 （FWO）	$\ln[\,k(\alpha)/\text{min}^{-1}\,]$	p_1	31.389	23.217	18.124
		p_2	−16.678	37.640	49.514
		p_3	26.793	−54.330	−71.488
		p_4	−13.923	35.869	47.801
	$E(\alpha)/\text{kJ}\cdot\text{mol}^{-1}$	p_5	152.665	150.604	69.668
		p_6	−123.087	132.938	426.576
		p_7	182.724	−200.494	−631.607
		p_8	−103.190	139.979	480.782

图 3-14 所示为采用 Friedman 方法计算获得的三个热解阶段的 E 和 $\ln k_0$ 之间的关系曲线。由图可知，随着 E 值的增加 $\ln k_0$ 不断增加，各子阶段的 E 与 $\ln k_0$ 间存在较强线性关系，这表明各子阶段的 E 和 k_0 满足动力学补偿效应。

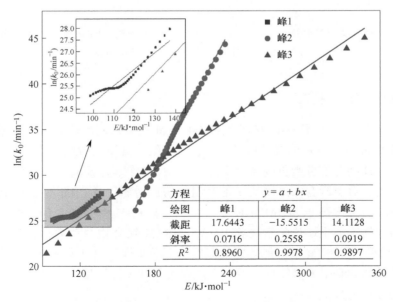

图 3-14　基于 Friedman 方法获得的在氩气气氛热脱脂过程中 DMAA/MBAM
聚合物三个子热解阶段的 $\ln k_0$ 与 E 关系曲线

　　图 3-15 所示为基于 M-PRM 模型预测的 DMAA/MBAM 聚合物的 dα/dT 与 α 曲线。由图可知，采用积分 FWO 和微分 Friedman 方法预测的 dα/dT 与 α 曲线基本重叠，表明两种方法相对于 M-PRM 模型具有相似的精度。模型预测结果与实验数据吻合度高，最大误差小于 9%，表明 M-PRM 模型可描述整个热脱脂过程的聚合物热降解行为。

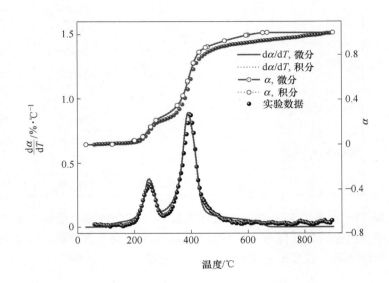

图 3-15　基于 M-PRM 方法预测的 β = 10℃/min 升温速率下的生坯热脱脂过程
DMAA/MBAM 聚合物的 dα/dT 与 α 曲线

3.4.6　模型对比与验证

　　图 3-16 所示为基于 M-PRM 模型和 3-DAEM 模型预测的非等温和等温热脱脂过程生坯的 dα/dT 与 α 曲线。由图可知，对于线性升温热脱脂过程，3-DAEM 模型预测的 α 曲线与实验数据吻合度更高，而 M-PRM 模型预测的 dα/dT 与实验数据较为接近。对于含有保温段的线性升温热脱脂过程，M-PRM 模型预测的 α 与 dα/dT 曲线吻合度高于 3-DAEM 模型。综上，M-PRM 模型和 3-DAEM 基本上都能描述惰性气氛下生坯热降解脱除 DMAA/MBAM 聚合物的动力学行为；相对于 3-DAEM 模型，M-PRM 模型能确定最概然动力学机理函数且无须求解二次积分函数，用于后续的有限元多物理场的研究能够大大减少计算量，是描述生坯热脱脂动力学的可靠工具。

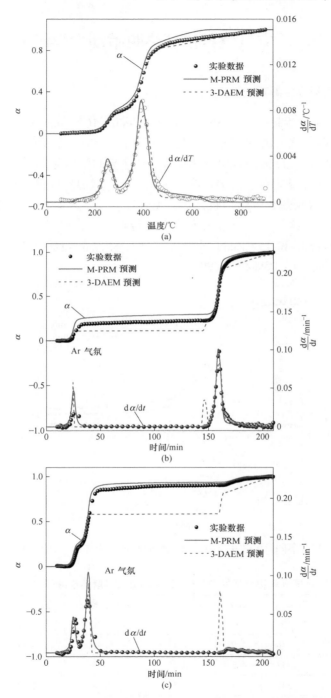

图 3-16　M-PRM 模型和 3-DAEM 模型预测效果对比（氩气气氛）

（a）$\beta=10℃/min$，线性升温；（b）$\beta=10℃/min$，250℃保温 2h；（c）$\beta=10℃/min$，400℃保温 2h

3.5　空气气氛生坯热脱脂动力学研究

3.5.1　空气气氛 TG-DTG 分析

图 3-17 所示为生坯分别在 5℃/min、8℃/min、10℃/min 和 15℃/min 升温速率下的 TG-DTG 曲线。由图可知，空气气氛下，生坯中的 DMAA/MBAM 聚合物主要在 200~600℃温度区间内完成热降解。该主要热解区间内存在三个质量损失速率强峰。不同升温速率下，DTG 曲线中的最大降解温度峰值和最大质量损失见表 3-9。同惰性气氛热解脱脂一致，随升温速率增加，聚合物的最大降解温度向高温区域偏移，且样品最终质量损失呈现反转趋势。在终温 900℃时，5℃/min、8℃/min、10℃/min 和 15℃/min 升温速率下，样品的最终质量损失分别约为10.23%、9.67%、10.05% 和 9.59%。

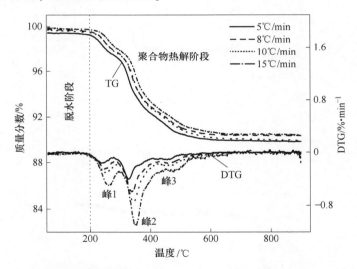

图 3-17　不同升温速率下空气气氛热脱脂过程生坯的 TG 和 DTG 曲线

表 3-9　不同升温速率下的 DTG 曲线中的最大降解温度峰值（空气气氛）

升温速率 /℃·min⁻¹	峰 1 /℃	峰 2 /℃	峰 3 /℃	峰高（峰 1） /%·℃⁻¹	峰高（峰 2） /%·℃⁻¹	峰高（峰 3） /%·℃⁻¹	最大失重 /%
5	239	328	459	0.17	0.41	0.11	10.23
8	247	337	463	0.25	0.59	0.17	9.67
10	252	343	474	0.31	0.74	0.19	10.05
15	260	350	477	0.49	1.10	0.31	9.59

3.5.2 传统的全局动力学分析

3.5.2.1 C-R 法求解活化能

采用 C-R 法，按照式（3-7）~式（3-9），计算不同升温速率下的生坯热氧化脱脂动力学参数。基于 Microsoft Excel 软件中的 GRG 算法，以 R^2 值最大为优化目标，获得各升温速率下的反应级数 n 值，如图 3-18 所示。

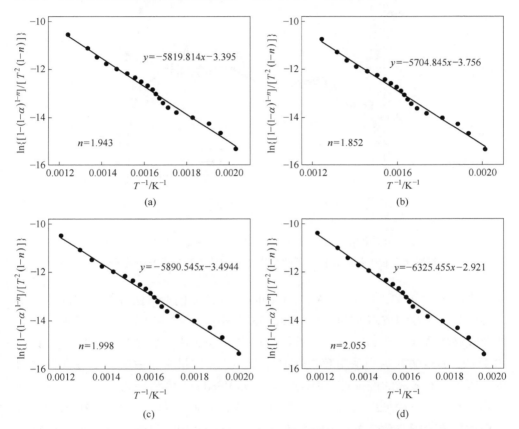

图 3-18 空气气氛下基于 C-R 法获得的不同升温速率下的最佳拟合方程

（a）$\beta = 5\,℃/min$；（b）$\beta = 8\,℃/min$；（c）$\beta = 10\,℃/min$；（d）$\beta = 15\,℃/min$

由图 3-18 可知，不同升温速率下，DMAA/MBAM 聚合物的热氧化反应的反应级数 n 存在较大差异，且动力学参数对升温速率敏感。当升温速率 β 为 $5\,℃/min$、$8\,℃/min$、$10\,℃/min$ 和 $15\,℃/min$ 时，反应级数分别为 $n = 1.943$、$n = 1.852$、$n = 1.998$ 和 $n = 2.055$；动力学参数变化范围为 $E = 47.43 \sim 52.59 kJ/mol$，$k_0 = 16.27 \sim 85.23 s^{-1}$。

3.5.2.2 无模型法求解活化能

采用无模型方法，按式（3-10）~式（3-12）求解空气气氛下凝胶注模陶瓷生坯的热氧化脱脂动力学参数，所得结果如图 3-19 所示。

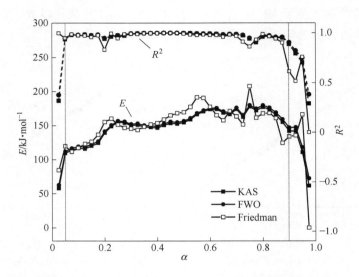

图 3-19 采用 FWO、KAS 和 Friedman 方法获得的空气气氛下
热脱脂过程中不同转化率下的活化能 E 和动力学方程的相关系数 R^2

由图 3-19 可知，FWO、KAS 和 Friedman 三种无模型方法计算获得的动力学方程的相关系数均较高 $R^2 > 0.90$（$\alpha > 0.85$ 除外）。KAS 和 FWO 方法计算的活化能曲线基本重叠，而 Friedman 计算结果存在一定差异。如前 3.4.2.2 小节所述，由于 Friedman 方法无须采用数学近似处理，计算结果主要取决于实验数据的精度，因此具有较高的准确性。FWO、KAS 和 Friedman 方法获得的 E 的变化范围分别为 62.75~179.62kJ/mol、58.05~177.67kJ/mol 和 84.42~191.33kJ/mol。活化能的数值范围波动较大，表明生坯热氧化脱脂过程由多个反应机理协同控制。

3.5.3 M-DAEM 求解活化能

空气气氛下，基于 DMAA/MBAM 聚合物含有 5 个独立且遵循一阶反应的伪物质的假设，采用五平行分布活化能模型（5-DAEM）计算获得生坯中 DMAA/MBAM 聚合物的五种假设物质在热氧化降解过程的高斯活化能分布函数 $f(E)$ 曲线，所得结果如图 3-20 所示。表 3-10 列出了该五种假设物质的组分含量及其热解动力学参数（$E_{0,i}$、$k_{0,i}$ 和 σ_i）。

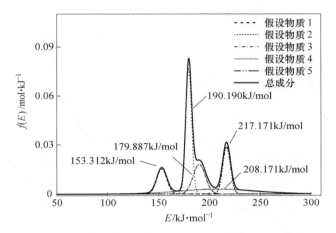

图 3-20 采用 5-DAEM 计算的空气气氛热脱脂
过程中五种假设物质的活化能分布函数 $f(E)$

**表 3-10 基于 5-DAEM 法获得的空气气氛热脱脂过程中
DMAA/MBAM 聚合物的五种假设物质的热解动力学参数**

DMAA/MBAM 聚合物	c_i	$k_{0,i}/s^{-1}$	$E_{0,i}/kJ \cdot mol^{-1}$	$\sigma_i/kJ \cdot mol^{-1}$
假设物质 1	0.156	1.549×10^{13}	153.312	4.814
假设物质 2	0.251	1.549×10^{13}	179.887	2.766
假设物质 3	0.149	1.549×10^{13}	190.190	6.007
假设物质 4	0.381	1.549×10^{13}	208.171	36.607
假设物质 5	0.047	1.549×10^{13}	217.171	3.725

由图 3-20 和表 3-10 可知，采用 5-DAEM 模型估算的五种假设物质的活化能分别为 153.312kJ/mol、179.887kJ/mol、190.190kJ/mol、217.171kJ/mol 和 208.171kJ/mol，指前因子为 $1.549 \times 10^{13} s^{-1}$。假设物质 5 热解时的活化能最高，其热解氧化反应需要的激活能最大，反应相对困难；活化能的标准偏差 σ_i 的顺序为 4>3>1>5>2，表明假设物质 4 的活化能分布最宽，假设物质 2 的活化能分布最窄。

图 3-21 和图 3-22 分别为基于 C-R 法和 5-DAEM 法两种动力学模型获得的空气气氛热脱脂过程聚合物的转化率（α）和反应速率（$d\alpha/dT$）曲线与实验数据对比。表 3-11 列出了不同升温速率下两种方法预测的 α 曲线的拟合质量参数。

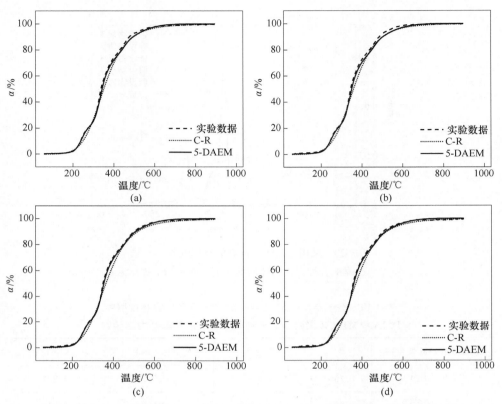

图 3-21 采用 C-R 和 5-DAEM 模型计算获得的空气气氛下 α 曲线与实验数据对比

（a）$\beta=5℃/\text{min}$；（b）$\beta=8℃/\text{min}$；（c）$\beta=10℃/\text{min}$；（d）$\beta=15℃/\text{min}$

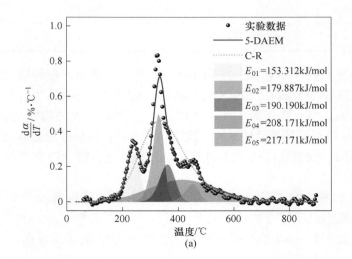

（a）

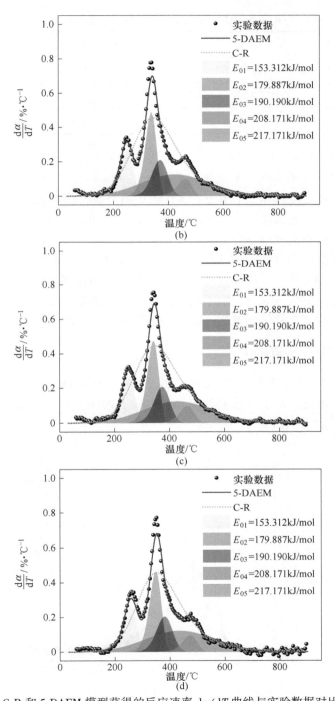

图 3-22 采用 C-R 和 5-DAEM 模型获得的反应速率 dα/dT 曲线与实验数据对比（空气气氛）

(a) $\beta=5℃/min$；(b) $\beta=8℃/min$；(c) $\beta=10℃/min$；(d) $\beta=15℃/min$

表 3-11　C-R 和 5-DAEM 应用于空气气氛下热脱脂动力学的适应性

模型	拟合质量参数（Fit）/%			
	$\beta=5℃/min$	$\beta=8℃/min$	$\beta=10℃/min$	$\beta=15℃/min$
C-R	2.357	2.544	2.439	2.272
5-DAEM	1.240	1.406	0.835	0.940

由图 3-21 和图 3-22 可知，不同升温速率下，C-R 法的拟合质量参数小于 2.544%，5-DAEM 模型的拟合质量参数小于 1.406%；5-DAEM 法预测的 α 曲线与实验数据的吻合度远高于 C-R 法。5-DAEM 模型预测的 $d\alpha/dT$ 曲线具有三个的反应速率峰，与实验数据一致。因此，相较于 C-R 法，5-DAEM 更适用于描述生坯热氧化脱脂过程的动力学行为。

综上，在惰性和空气两种气氛下，生坯中 DMAA/MBAM 聚合物的热脱除动力学存在明显的差异，前者可通过 3-DAEM 模型准确描述，而后者则需 5-DAEM 模型准确描述。空气气氛下，由于氧气由外至内扩散至生坯内部，DMAA/MBAM 聚合物进行更为复杂的氧化燃烧反应，活化能的数值显著增加。

3.5.4　M-PRM 求解活化能

由图 2-11 中空气气氛下的 $d^2\alpha/dT^2$ 曲线可知，生坯的热氧化脱脂过程由五个子阶段组成。因此，基于五阶并行反应模型（5-PRM）分离 $d\alpha/dT$ 曲线的重叠峰，所得结果如图 3-23 所示。

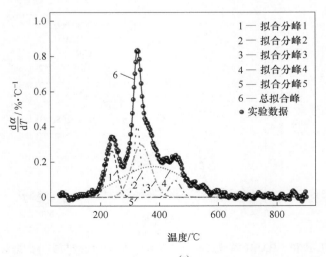

(a)

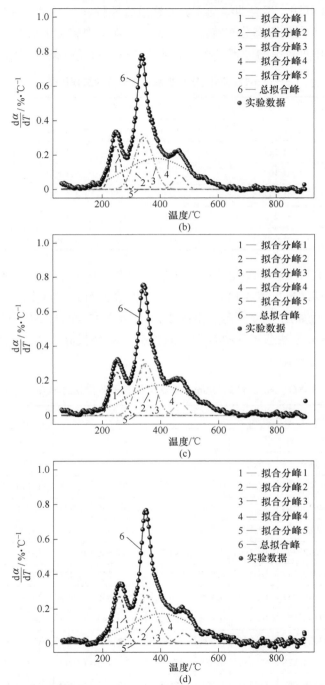

图 3-23　空气气氛热脱脂过程，不同升温速率下的 dα/dT 曲线的多峰拟合结果

（a）β=5℃/min；（b）β=8℃/min；（c）β=10℃/min；（d）β=15℃/min

由图 3-23 可知，拟合曲线与实验曲线重叠性较好。不同加热速率下，5 个子峰各自呈现出不同的正态分布特性。峰 3 和峰 4 呈现较宽的分布，而子峰 1、峰 2 和峰 5 呈现相对较窄的分布。不同的加热速率，各子峰的加权因子见表 3-12。

表 3-12　不同升温速率下各子峰的加权因子

子峰	加权因子 r_i			
	$\beta = 5℃/min$	$\beta = 8℃/min$	$\beta = 10℃/min$	$\beta = 15℃/min$
峰 1	0.121	0.109	0.123	0.136
峰 2	0.107	0.095	0.102	0.107
峰 3	0.243	0.245	0.236	0.236
峰 4	0.480	0.500	0.481	0.477
峰 5	0.045	0.416	0.038	0.035

采用 FWO、KAS 和 Friedman 三种方法计算各子阶段的动力学方程和相关系数（R^2），计算结果见表 3-13。以 Friedman 方法为例的不同转化率下的五个子阶段的动力学方程如图 3-24 所示。由图 3-24 和表 3-13 可知，各子阶段采用 FWO、KAS 和 Friedman 方法获得的拟合方程的相关系数都很高，R^2 值均大于 0.93，表明计算结果较为准确。

表 3-13　FWO、KAS 和 Friedman 法获得的各子阶段动力学方程（空气气氛）

子峰	α	KAS 法			FWO 法			Friedman 法		
		拟合方程		R^2	拟合方程		R^2	拟合方程		R^2
		斜率	截距		斜率	截距		斜率	截距	
峰 1	0.1	−13646.739	17.280	0.938	−14635.531	31.687	0.945	−14110.114	25.884	0.993
	0.2	−14609.144	18.706	0.976	−15616.608	33.150	0.979	−14011.852	25.710	0.999
	0.3	−13986.902	17.122	0.982	−15004.919	31.587	0.984	−13781.413	25.166	0.999
	0.4	−13642.757	16.169	0.997	−14672.198	30.656	0.997	−13398.559	24.278	0.995
	0.5	−13919.242	16.426	0.997	−14958.686	30.933	0.997	−13515.491	24.301	0.994
	0.6	−14099.731	16.510	0.999	−15149.402	31.036	0.999	−13615.543	24.237	0.979
	0.7	−14193.179	16.400	0.998	−15252.703	30.945	0.998	−13818.573	24.269	0.969
	0.8	−13021.147	13.906	0.994	−14092.775	28.473	0.995	−12077.268	20.549	0.950
	0.9	−12673.120	12.856	0.988	−13761.729	27.455	0.990	−11362.403	18.430	0.941
峰 2	0.1	−17336.097	18.552	1.000	−18524.580	33.327	1.000	−15636.110	24.145	0.988
	0.2	−16677.861	17.170	0.999	−17877.343	31.963	0.999	−15474.202	24.163	0.977

子峰	α	KAS 法			FWO 法			Friedman 法		
		拟合方程		R^2	拟合方程		R^2	拟合方程		R^2
		斜率	截距		斜率	截距		斜率	截距	
峰 2	0.3	−16733.922	17.090	0.995	−17939.075	31.893	0.995	−14978.294	23.416	0.977
	0.4	−16262.575	16.155	0.999	−17474.846	30.969	0.999	−14894.775	23.276	0.974
	0.5	−15641.882	15.007	0.996	−16858.935	29.829	0.997	−14387.864	22.384	0.972
	0.6	−15552.948	14.715	0.990	−16775.950	29.548	0.991	−14051.472	21.700	0.954
	0.7	−15712.052	14.840	0.990	−16941.056	29.682	0.991	−14327.268	21.960	0.956
	0.8	−15168.415	13.797	0.985	−16404.224	28.650	0.987	−13443.995	20.209	0.941
	0.9	−15121.878	13.500	0.974	−16367.736	28.369	0.978	−13949.017	20.405	0.896
峰 3	0.1	−22404.609	28.345	0.937	−23554.234	43.054	0.943	−23841.097	38.292	0.966
	0.2	−24410.700	30.737	0.966	−25590.367	45.497	0.969	−25098.432	39.887	0.981
	0.3	−25266.006	31.439	0.966	−26465.675	46.233	0.969	−25796.916	40.560	0.983
	0.4	−25541.019	31.240	0.996	−26759.717	46.065	0.996	−25971.438	40.328	0.996
	0.5	−26232.330	31.790	0.996	−27467.031	46.641	0.996	−26617.751	40.862	0.996
	0.6	−24807.218	28.911	0.989	−26058.939	43.790	0.990	−25133.122	37.882	0.991
	0.7	−26114.652	30.397	0.997	−27384.484	45.304	0.997	−26383.597	39.202	0.993
	0.8	−26775.630	30.719	0.982	−28067.780	45.661	0.984	−27085.664	39.404	0.966
	0.9	−26175.135	28.869	0.973	−27496.439	43.856	0.976	−26113.713	36.573	0.950
峰 4	0.1	−9755.712	8.336	0.966	−10799.115	22.850	0.972	−10796.471	16.393	0.972
	0.2	−12191.951	10.848	0.962	−13332.502	25.541	0.968	−13182.453	19.294	0.969
	0.3	−13299.793	11.334	0.967	−14509.262	26.144	0.972	−14417.294	20.227	0.973
	0.4	−14715.257	12.427	0.968	−15984.746	27.334	0.972	−15876.535	21.507	0.973
	0.5	−16100.775	13.452	0.968	−17426.282	28.445	0.972	−17316.047	22.657	0.973
	0.6	−17548.491	14.480	0.968	−18930.013	29.556	0.972	−18834.114	23.766	0.973
	0.7	−18467.750	14.623	0.971	−19908.168	29.783	0.975	−19765.853	23.832	0.975
	0.8	−20380.115	15.872	0.971	−21890.550	31.126	0.975	−21762.365	24.989	0.975
	0.9	−22370.396	16.587	0.973	−23977.722	31.966	0.976	−23678.905	25.162	0.976
峰 5	0.1	−23565.919	22.153	0.930	−24989.855	37.290	0.937	−21755.045	27.907	0.973
	0.2	−23348.957	21.414	0.956	−24789.372	36.573	0.960	−20970.443	26.910	0.978
	0.3	−21956.108	19.180	0.970	−23410.715	34.359	0.974	−20301.355	25.955	0.984

续表 3-13

子峰	α	KAS 法			FWO 法			Friedman 法		
		拟合方程		R^2	拟合方程		R^2	拟合方程		R^2
		斜率	截距		斜率	截距		斜率	截距	
峰 5	0.4	−21375.072	18.136	0.970	−22840.405	33.329	0.974	−19634.150	24.945	0.986
	0.5	−20920.107	17.288	0.982	−22396.418	32.497	0.984	−19016.818	23.955	0.992
	0.6	−21214.574	17.480	0.982	−22700.889	32.702	0.984	−19209.216	24.022	0.992
	0.7	−20681.059	16.534	0.980	−22178.106	31.771	0.983	−18681.763	23.029	0.987
	0.8	−19626.887	14.876	0.988	−21138.116	30.132	0.990	−17120.631	20.541	0.996
	0.9	−19426.930	14.268	0.994	−20957.145	29.549	0.995	−17101.450	19.778	1.000

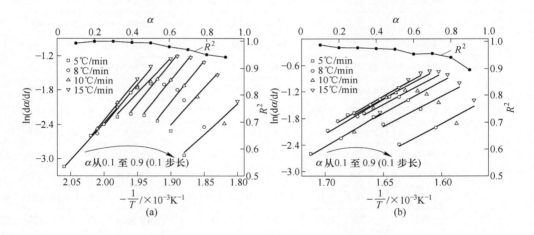

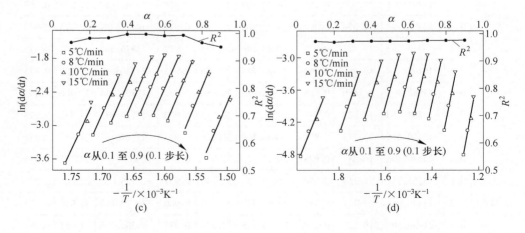

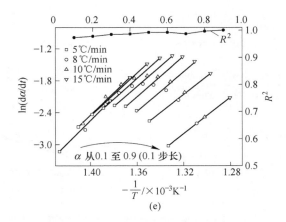

图 3-24 采用 Friedman 方法获得的不同转化率下的
各热解子阶段 $\ln(d\alpha/dt)-1/T$ 的动力学方程
(a) 峰1；(b) 峰2；(c) 峰3；(d) 峰4；(e) 峰5

图 3-25 所示为采用 FWO、KAS 和 Friedman 方法计算各子阶段的 E 随转化率 α 的变化曲线。由图 3-25 可知，三种方法获得各子峰的活化能曲线变化趋势基本一致。从峰 1 至峰 5，平均活化能的值呈现先增后减继而增加的趋势，这与各子阶段对应的假设物质的反应特性有关。其中子阶段 4 对应的假设物质的热降解反应，活化能呈现不断增加的趋势，且活化能值的波动范围最大（89.76~196.87kJ/mol），这是因为该阶段包含残余碳的氧化燃烧，需要的激活能最大，相应的活化能也较高。同时还发现，FWO 和 KAS 计算的 E 值基本重叠，而 Friedman 方法的计算结果与前两者存在一定差异，总偏差在 8% 以内，该类偏差主要来源于实验测量误差及模型中的数学近似。

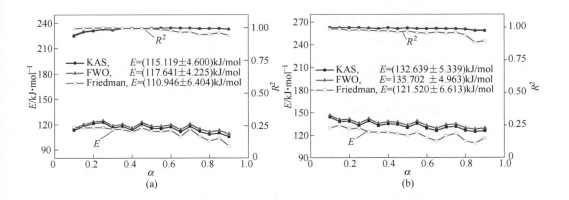

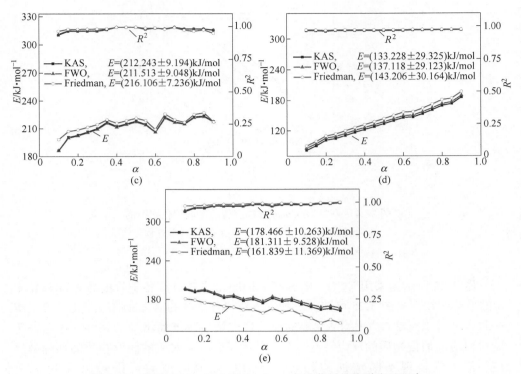

图 3-25　基于 FWO、KAS 和 Friedman 方法获得的热脱脂过程中
每个子阶段的活化能 E 随转化率 α 变化曲线
（a）峰 1；（b）峰 2；（c）峰 3；（d）峰 4；（e）峰 5

　　按照式（3-27）~式（3-29），根据变活化能模型求得各子阶段 E 与 α 间的依赖关系。以 Friedman 方法为例，子阶段 1 至 5 的平均活化能分别为 $E =$（110.946±6.404）kJ/mol、$E =$（121.520±6.613）kJ/mol、$E =$（216.106±7.236）kJ/mol、$E =$（143.206±30.164）kJ/mol 和 $E =$（161.839±11.369）kJ/mol，活化能随转换率的变化关系式分别为 $E(\alpha) = 115.027 + 11.950\alpha - 39.241\alpha^2 + 10.624\alpha^3$（kJ/mol）、$E(\alpha) = 139.595 - 66.162\alpha + 75.702\alpha^2 - 38.041\alpha^3$（kJ/mol）、$E(\alpha) = 190.854 + 135.755\alpha - 214.801\alpha^2 + 116.093\alpha^3$（kJ/mol）、$E(\alpha) = 64.068 + 280.086\alpha - 380.270\alpha^2 + 264.724\alpha^3$（kJ/mol）和 $E(\alpha) = 188.257 - 77.086\alpha + 74.129\alpha^2 - 48.669\alpha^3$（kJ/mol）。

　　相较于惰性气氛，空气气氛下的脱脂过程，聚合物除发生弱键、侧链基团裂解断裂，解聚、环化等反应外，也存在裂解产物、残余碳的氧化燃烧反应，甚至伴随交联聚合作用形成新的化合物，反应过程更为复杂。

3.5.5 最概然机理函数 $f(\alpha)$ 确定

图 3-26 分别为 5℃/min、8℃/min、10℃/min 和 15℃/min 升温速率下，空气气氛热脱脂过程中各子阶段 $y(\alpha)-\alpha$ 实验曲线与理论曲线对比。由图 3-26 可知，不同升温速率下，子阶段 1~3 和 5 均遵循相同的反应机理，在 0~0.5 转化率范围内，遵循二阶反应级数模型（F_2），即 $(1-\alpha)^2$，而在 0.5~1.0 转化率范围内，遵循三维扩散机理函数（D-ZLT_3）。子阶段 4 的动力学机理函数有所不同，整个转化率范围内仅遵循单一的 Sigmoidal 速率方程（A_4）。前期热脱脂阶段主要为聚合物降解反应并释放大量的气相产物，该阶段主要由化学反应控制；后期气相产物充填在坯体的孔隙内并在温度梯度或浓度梯度的作用下向坯体表面扩散析出、该过程受渗流阻力的影响，气体逸出非常缓慢，可认为其传质过程受扩散控制。由此可知，生坯的热氧化脱脂过程反应机理极为复杂，由多种反应机制协同控制，常见的机理函数难以准确描述整个过程的反应机理。

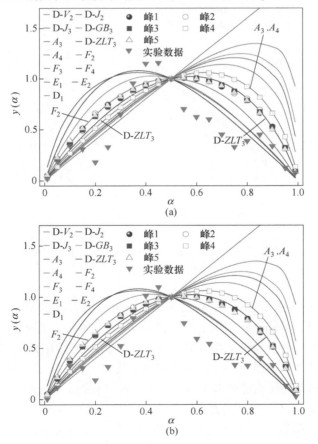

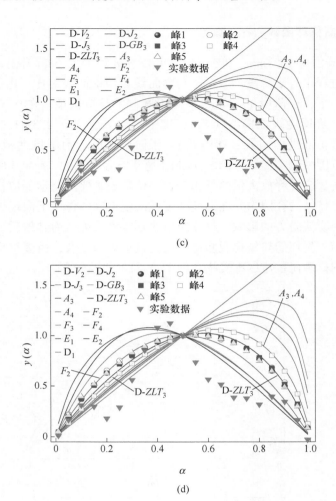

图 3-26　不同升温速率下 $y(\alpha)-\alpha$ 的理论曲线与实验曲线对比（空气气氛）

(a) $\beta=5$℃/min；(b) $\beta=8$℃/min；(c) $\beta=10$℃/min；(d) $\beta=15$℃/min

图 3-27 所示为基于 SB 模型确定各子阶段组合动力学机制的分析结果。根据 FWO 积分方法和 Friedman 微分方法求得的 $E(\alpha)$ 和 k_0。根据式（3-30），采用 GRG 法获得 SB 模型的最佳模型参数（n、m 和 p），所得结果见表 3-14。由图可知，每个子峰的非线性回归拟合方程的相关系数均大于 0.93，表明 SB 模型能够很好的解释生坯热氧化脱脂过程 DMAA/MBAM 聚合物的热解动力学机理。子阶段 1、2、3 和 5 的最概然动力学机理函数均为 $f(\alpha)=(1-\alpha)^{0.711}\alpha^{2.970}\left[-\ln(1-\alpha)\right]^{-3.761}$，子阶段 4 的机理函数为 $f(\alpha)=(1-\alpha)^{1.050}\alpha^{-0.025}\left[-\ln(1-\alpha)\right]^{0.134}$。

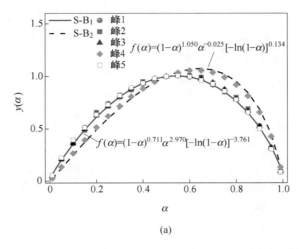

(a)

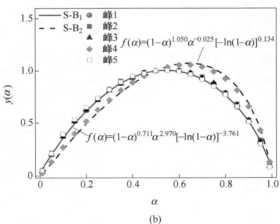

(b)

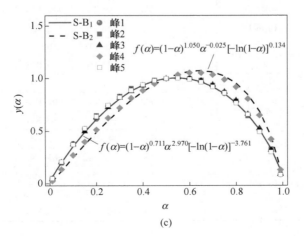

(c)

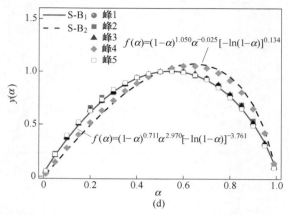

图 3-27 不同升温速率下，SB 模型 $y(\alpha)$-α 的理论与实验曲线对比（空气气氛）

（a）$\beta=5\,℃/\mathrm{min}$；（b）$\beta=8\,℃/\mathrm{min}$；（c）$\beta=10\,℃/\mathrm{min}$；（d）$\beta=15\,℃/\mathrm{min}$

表 3-14 各热解阶段应用 SB 方程的最佳参数组合

模型参数		峰 1	峰 2	峰 3	峰 4	峰 5
加权因子	γ_i	0.122	0.103	0.240	0.484	0.040
SB 模型	n	0.711	0.711	0.711	1.050	0.711
	m	2.970	2.970	2.970	-0.025	2.970
	p	-3.761	-3.761	-3.761	0.134	-3.761
微分法（Friedman）	$\ln[k(\alpha)/\mathrm{min}^{-1}]$					
	p_1	22.614	22.632	34.897	13.505	26.268
	p_2	18.789	5.013	31.985	37.241	1.358
	p_3	-30.541	-7.604	-50.628	-50.545	-6.552
	p_4	16.270	5.291	27.718	30.167	4.035
$E(\alpha)/\mathrm{kJ} \cdot \mathrm{mol}^{-1}$	p_5	116.750	139.595	190.854	64.608	188.257
	p_6	11.153	-66.162	135.755	280.086	-77.086
	p_7	-26.772	75.702	-214.801	-380.270	74.192
	p_8	4.362	-38.041	116.093	264.727	-48.669
积分法（FWO）	$\ln[k(\alpha)/\mathrm{min}^{-1}]$					
	p_1	23.452	24.938	32.931	12.723	30.562
	p_2	16.002	5.884	38.916	36.550	-7.055
	p_3	-24.400	-7.233	-63.897	-51.122	10.360
	p_4	12.662	4.933	36.046	31.179	-5.550
$E(\alpha)/\mathrm{kJ} \cdot \mathrm{mol}^{-1}$	p_5	118.580	149.312	181.486	61.632	213.486
	p_6	12.973	-53.540	168.196	272.385	-123.650
	p_7	-28.819	74.037	-278.765	-379.546	170.645
	p_8	6.424	-44.511	156.834	266.955	-102.650

图 3-28 所示为以 Friedman 法为例，计算获得的空气气氛下脱脂过程中每个子热解阶段的 E 和 $\ln k_0$ 之间的关系曲线。由图可知，随着活化能 E 值的增加，$\ln k_0$ 的值也不断增加；除子阶段 1 的线性相关系数较低外，子阶段 2、3、4 和 5 的 E 与 $\ln k_0$ 之间均存在极强的线性关系，其线性相关系数 $R^2 > 0.97$，这表明各子阶段的 E 和 k_0 间具有动力学补偿效应。

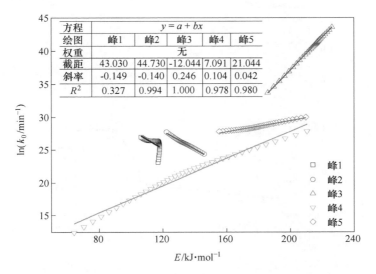

方程	$y = a + bx$				
绘图	峰1	峰2	峰3	峰4	峰5
权重	无				
截距	43.030	44.730	-12.044	7.091	21.044
斜率	-0.149	-0.140	0.246	0.104	0.042
R^2	0.327	0.994	1.000	0.978	0.980

图 3-28　基于 Friedman 方法的热脱脂过程中 DMAA/MBAM
聚合物热解的四个子阶段 $\ln k_0 - E$ 的动力学补偿效应

3.5.6　模型对比与验证

图 3-29 所示为基于 M-PRM 模型和 5-DAEM 模型预测的空气气氛下非等温和等温热脱脂过程生坯的 $d\alpha/dT$ 与 α 曲线。由图可知，对于线性升温热脱脂过程中，两种方法预测 α 和 $d\alpha/dT$ 曲线与实验数据吻合度都较高。而对于含有保温阶段的线性热脱脂过程，M-PRM 模型预测的 α 与 $d\alpha/dT$ 曲线吻合度高于 5-DAEM 模型。综上，M-PRM 和 5-DAEM 模型基本上均能描述空气气氛下生坯热降解脱除 DMAA/MBAM 聚合物的动力学；然而由于 5-DAEM 模型基于反应级数的假设求解动力学参数，其无法确定动力学机理函数；相对于 5-DAEM 模型，M-PRM 模型不仅能确定动力学机理函数，而且无须求解二次积分函数，用于后续的有限元多物理场的研究能够大大减少计算量，是描述生坯热脱脂动力学行为的可靠工具。

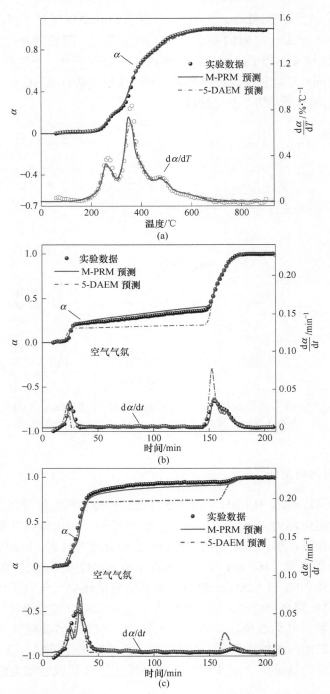

图 3-29 M-PRM 模型和 5-DAEM 模型预测效果对比（空气气氛）

（a）$\beta=20$℃/min，线性升温；（b）$\beta=10$℃/min，250℃保温 2h；（c）$\beta=10$℃/min，400℃保温 2h

3.6　本　章　小　结

（1）对比了采用 C-R 方法、无模型方法、M-DAEM 模型和 M-PRM 模型研究 DMAA/MBAM 凝胶体系注模 SiAlON 陶瓷生坯热脱脂动力学的适用性。结果表明 M-PRM 模型预测的非等温和等温热脱脂过程的 α 与 $d\alpha/dT$ 曲线均与实验数据吻合度最高，是描述生坯热脱脂动力学的理想工具。

（2）生坯热脱脂过程不遵循单一的反应机理，是化学反应、扩散、随机成核和随后生长等机理的综合作用，通过引入 Šesták-Berggren 模型实现了对其组合动力学反应机理的准确描述。

（3）采用 M-PRM 模型研究了生坯在惰性气氛中的热脱脂动力学，得出整个热脱脂过程包含三个阶段，子阶段 1～3 的最概然动力学机理函数分别为 $f(\alpha)=(1-\alpha)^{0.668}\alpha^{3.049}[-\ln(1-\alpha)]^{-3.874}$、$f(\alpha)=(1-\alpha)^{0.700}\alpha^{3.177}[-\ln(1-\alpha)]^{-3.962}$ 和 $f(\alpha)=(1-\alpha)^{1.049}\alpha^{-0.161}[-\ln(1-\alpha)]^{0.518}$；平均活化能呈不断增加的变化趋势，其值为 113.74～199.73kJ/mol。

（4）采用 M-PRM 模型研究了生坯在空气气氛中的热脱脂动力学，得出整个热脱脂过程包含五个阶段，子阶段 1～3 和 5 的最概然动力学机理函数均为 $f(\alpha)=(1-\alpha)^{0.711}\alpha^{2.970}[-\ln(1-\alpha)]^{-3.761}$，子阶段 4 的动力学机理函数为 $f(\alpha)=(1-\alpha)^{1.050}\alpha^{-0.025}[-\ln(1-\alpha)]^{0.134}$，子阶段 1～5 的平均活化能呈先增加后减小然后再增加的变化趋势，其值为 110.95～216.11kJ/mol。

4 生坯热脱脂过程的热-流-固多物理场耦合数学模型

4.1 概　述

近年来，关于热脱脂过程数学建模的研究大多数都是围绕粉末注射成型坯体开展，且主要集中在以下两个方面。(1) 针对热脱脂初始阶段进行建模，研究气泡的形成条件，并以其作为破坏准则预测聚合物的临界加热速率[132,158-161]。Matar 等人[162]构建了考虑孔隙率演变和降解产物在孔隙中扩散的临界加热速率数学模型，并估算了"收缩无降解模型"和"均匀分布孔隙率模型"两种孔隙率配置的最大加热速率。Song 等人[158-159]构建了基于蒸气在液态聚合物和多孔外层中扩散的热脱脂临界加热速率模型，并制定了多段加热策略以防止气泡缺陷形成。(2) 通过建模分析热脱脂过程中坯体产生的应力、应变[119,132-133,163-165]。Tsai[163]建立了注射成型陶瓷圆柱形生坯热脱脂过程的数学模型，该模型通过将热解动力学方程与 Carman-Kozeny 方程或 Wakao 和 Smith 的滑移模型耦合，估算了坯体内的压力分布，根据弹性理论估算了生坯中的应力分布。Ying 等人[133,165]基于可变形多孔介质传质传热理论，构建了粉末注射成型生坯热脱脂的二维数学模型，该模型包括了聚合物热解、液相和气相流动、蒸汽扩散和对流等过程，并利用该模型分析了热脱脂最后阶段产生的应力和应变。Heaney 等人[164]采用有限元方法，研究了金属注射成型的金属部件在热脱脂和烧结过程中的坯体的收缩特性；Belgacem 等人[119]采用有限元方法，研究了粉末注射成型316L 不锈钢坯体热脱脂过程中温度场分布及形变特性，模型预测结果与实验结果基本吻合。

然而，目前对于水基凝胶体系注模陶瓷生坯热脱脂过程的有限元分析方面的研究鲜有报道，大尺寸凝胶注模陶瓷生坯热脱脂过程坯体开裂、翘曲等缺陷的形成机理及控制等基本理论问题的研究尤为不足[82]。

为此，本章基于多孔介质渗流传质传热及固体力学理论，采用有限元方法，建立凝胶注模 SiAlON 陶瓷生坯热脱脂过程的热-流-固多物理场耦合数学模型，并通过搭建大块生坯热脱脂实验平台，验证模型的可靠性，为热脱脂过程的数值模拟和理论研究奠定基础。

4.2　热脱脂过程分析

尽管热脱脂使用的设备及工艺方法相对简单，但该过程涉及极为复杂的化学反应（聚合物热解）和气相产物在坯体内渗流传质传热过程。前者取决于聚合物的热解反应行为，在第 3 章已做相关论述；后者主要取决于材料的性能，如生坯的导热系数、膨胀系数、孔隙率及孔径大小等参数直接影响气体产物在多孔坯体内的热质传递行为，进而影响压力、应力等的分布特性。

热脱脂过程可认为是高分子聚合物的热降解或氧化反应及热解产物在坯体内的渗流传质传热过程，如图 4-1 所示。热脱脂过程中，随着凝胶聚合物的不断热解析出，聚合物热软化和热解质量损失，使得陶瓷部件强度逐渐降低；与此同时，坯体内逐渐形成互相贯通的孔道，在坯体孔隙渗流阻力作用下，热解气体通过生坯内的孔隙缓慢向外扩散，坯体内的凝胶残余量、温度、压力、应力分布实时动态变化，各因素间交互作用是一个复杂的多因素耦合问题。

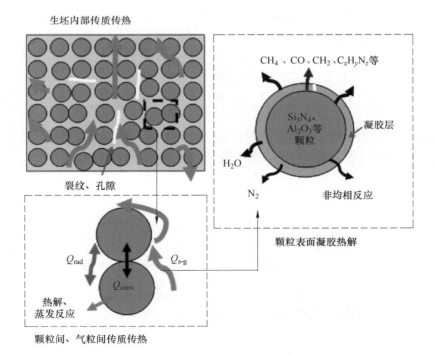

图 4-1　热脱脂过程示意图

4.3 热脱脂过程热-流-固多场耦合数学模型

4.3.1 模型假设

传热学理论指出[166]，当 $Bi \le 0.1$ 时，物体内外温差 <5%，可视为温度均匀。

$$Bi = \frac{lh_f}{k} \tag{4-1}$$

$$h_f = Nu \frac{k}{l} \tag{4-2}$$

式中，l 为特征长度，即为生坯尺寸；h_f 为生坯表面传热系数；k 为生坯导热系数；Nu 为 Nusselt 数。

对于 SiAlON 陶瓷生坯而言，可根据需要制成各种复杂形状，其尺寸分布范围较广。以生坯厚度为 5cm 为例，假定空气气氛下的热脱脂过程中，生坯外壁的空气流速 v 为 0.1m/s，气体温度为 600℃，密度为 0.401kg/m³，根据空气的物理性质，可知：

$$k = 6.22 \times 10^{-2} W/(m \cdot K) \tag{4-3}$$

$$\nu = 3.91 \times 10^{-5} Pa \cdot s \tag{4-4}$$

$$Pr = 0.699 \tag{4-5}$$

根据雷诺数 Re 计算公式，可计算获得：

$$Re = \frac{\rho v l}{\nu} = \frac{0.401 \times 0.1 \times 0.05}{3.91 \times 10^{-5}} = 51.2788 < 5 \times 10^5 \tag{4-6}$$

因此，热脱脂过程，生坯外壁气体流动可视为层流，热脱脂过程的高温气体对流换热过程属于流体流经平板换热问题，可由式（4-7）计算获得：

$$Nu = \frac{h_f l}{k} = 0.664 Re^{1/2} Pr^{1/3} \tag{4-7}$$

$$h_f = \frac{k}{l} \times Nu = \frac{k}{l} \times 0.664 Re^{1/2} Pr^{1/3}$$

$$= \frac{0.0622}{0.05} \times 0.664 \times 51.2788^{0.5} \times 0.699^{1/3}$$

$$= 5.2501 \tag{4-8}$$

式中，ν 为气体黏度；v 为壁面环境热风流速；Pr 为普朗特数。

通过式（4-1），计算其 Bi 数为：

$$Bi = \frac{lh_f}{k} = \frac{0.05 \times 5.2501}{0.0622} = 1688.138 > 0.1 \tag{4-9}$$

因此,在热脱脂过程中,大尺寸生坯内外温差不能忽略,需要给予考虑,本研究基于 Fourier 定律描述生坯内外温差。

研究指出[167],当分子平均自由程 λ 与孔隙直径 d 之比 不大于 $1/100$ 时,扩散阻力以分子扩散为主,遵循菲克定律。当 $\lambda/d \geqslant 10$ 时,水气扩散属克努森(Knudsen)扩散过程。前文通过 SEM 和孔隙率测试分析表明,生坯中介孔、微孔、大孔均有分布。因此,认为生坯中残余水分、热解气体产物的扩散是由分子扩散和 Knudsen 扩散协同作用的结果,可表示为:

$$D_{\text{eff}} = \frac{1}{1/D_{\text{AB}} + 1/D_{\text{Kn}}} \tag{4-10}$$

式中,D_{eff} 为有效扩散系数;D_{AB}、D_{Kn} 分别为分子扩散系数及 Knudsen 扩散系数。

热脱脂过程中,随着温度的升高,凝胶聚合物逐渐分解,生坯中的孔洞也随之增大,生坯中的热解气体迁移由孔隙扩散转变为达西流动。

综上所述,对建立的数学模型做如下假设:

(1)生坯热脱脂过程为瞬态过程;

(2)生坯结构均匀且满足各向同性;

(3)生坯块体内外存在温度梯度;

(4)热解气体产物在颗粒孔隙内的流动为 Darcy 流[168],遵循理想气体定律,且气体在生坯中的扩散过程包含分子扩散和 Knudsen 扩散;

(5)生坯中的凝胶热解过程由化学反应速率控制;

(6)热脱脂过程中生坯的内应力受内外温差及孔隙内压强的影响;

(7)生坯受热过程包含外壁气体对流换热和辐射换热。

4.3.2 多场耦合控制方程

基于多孔介质渗流和热解动力学理论,并结合第 2 章和第 3 章的生坯基础物性及凝胶热解动力学参数,建立生坯热脱脂过程的热-流-固多场耦合数学模型。该模型采用达西定律描述热解挥发分在生坯内的渗流行为,多孔介质传热模型描述生坯温度场的变化,组分传递模型描述生坯内的残余水分、凝胶含量变化,固体力学方程描述坯体内的应力变化,通过有限元方法求解,实现对热脱脂过程中生坯内热流固多场耦合的数学描述。

关于胶态成型热脱脂过程的传质机理的研究,主要基于经典的传质方程,如 Darcy 定律或 Fick 定律及 Young 方程来描述黏结剂气相产物或熔融液相经坯体内孔隙扩散或渗透至外界环境过程[169]。凝胶热解气体在生坯孔隙内的渗流运动[168],可基于 Darcy 定律描述为:

$$\rho\left(\varepsilon_{\text{p}} \chi_{\text{f}}\right) \frac{\partial p}{\partial t} + \nabla \cdot (\rho \boldsymbol{u}) = \nabla \cdot (D_{\text{eff}} \nabla \rho) + q_{\text{m}} + \rho \frac{\partial W}{\partial t} \tag{4-11}$$

$$u = -\frac{\kappa}{\mu}(\nabla p + \rho g) \tag{4-12}$$

式中，ε_p 为生坯的孔隙率，热脱脂过程孔隙率演变过程可采用 $\varepsilon_p = \varepsilon_0 + (1 - \sum c_i)\varphi$ 描述，其中 ε_0 为生坯初始孔隙率，φ 为生坯中凝胶的含量；u 为 Darcy 速度矢量；χ_f 为流体压缩性；μ 为动力黏度；q_m 为凝胶热解气体产物质量源项；D_{eff} 为热解气体的有效扩散系数，可表示为[170]：

$$D_{eff} = \frac{\varepsilon_p}{\tau}\frac{1}{1/D_{AB} + 1/D_{kn}} \tag{4-13}$$

式中，τ 为生坯曲折率。

通过低密度气体扩散理论采用 Chapman-Enskong 理论公式，则 D_{AB} 表示为：

$$D_{AB} = 1.858 \times 10^{-7}\sqrt{T^3\left(\frac{1}{M_A} + \frac{1}{M_B}\right)}\frac{1}{p\sigma_{AB}^2\Omega_{D,AB}} \tag{4-14}$$

式中，M_A、M_B 分别为组分 A、B 的摩尔质量；σ_{AB}、$\Omega_{D,AB}$ 分别为分子扩散碰撞直径和碰撞积分；p 为绝对压强。

碰撞积分采用式（4-15）描述：

$$\Omega_{D,AB} = \frac{1.06036}{T_*^{0.15610}} + \frac{0.193}{\exp(0.47635T_*)} + \frac{1.03587}{\exp(1.52996T_*)} + \frac{1.76474}{\exp(3.89411T_*)} \tag{4-15}$$

$$T_* = \frac{KT}{\varepsilon} \tag{4-16}$$

式中，$\frac{KT}{\varepsilon}$ 为 Lennard-Jones 势能参数。

Knudsen 扩散公式[171]表示为：

$$D_{Kn} = \frac{d_p}{3}\sqrt{\frac{8RT}{\pi M_i}} = 48.5d_p\sqrt{\frac{T}{M_i}} \tag{4-17}$$

式中，d_p 为微孔等效直径；M_i 为气体分子量。

式（4-12）中，κ 为生坯的渗透率，采用 Carmen-Kozeny 方程可描述为[172]：

$$\kappa = \frac{\varepsilon_p^3 d_p^2}{150(1 - \varepsilon_p)^2} \tag{4-18}$$

生坯外壁边界采用压力边界条件，表示为：

$$p = p_{ref} \tag{4-19}$$

式中，p 为压强；p_{ref} 为环境压强，取 1atm（1atm = 1.013×10^5Pa）。

通过多阶并行反应模型描述生坯热脱脂过程的热解气体析出量，单位体积热解质量损失源项，可描述为：

$$q_m = -\rho\varphi\sum_{i=1}^{n}w_{0,i}q_{m,i} \tag{4-20}$$

式中，$w_{0,i}$ 为生坯中假设组分 i 的质量分数；φ 为生坯中凝胶的含量；$q_{m,i}$ 为凝胶中假设组分 i 的热解源项。

热脱脂过程的能量守恒方程可描述为：

$$(\rho c_p)_{eff}\frac{\partial T}{\partial t} + \rho u c_p\nabla\cdot T = \nabla\cdot(k_{eff}\nabla T) + q_m\Delta H + L_v\cdot\rho\frac{\partial W}{\partial t} \tag{4-21}$$

式中，L_v 为水分的汽化相变潜热；ΔH 为热解相变潜热；k_{eff} 为有效导热系数；c_p 为比热容。

采用体积平均法计算比热及有效导热系数。

$$(\rho c_p)_{eff} = \varepsilon_p\rho_s c_{p,s} + (1-\varepsilon_p)\rho c_p \tag{4-22}$$

$$k_{eff} = \varepsilon_p k_s + (1-\varepsilon_p)k_g \tag{4-23}$$

在理想状态下，线性升温热脱脂过程，生坯表面温度可通过 Dirichlet 温度边界条件描述：

$$T = T_0 + \beta t \tag{4-24}$$

然而，在实际热脱脂过程中，生坯的升温是由流经生坯外表面的高温气流对流换热和炉壁对生坯表面的热辐射共同作用的结果，可通过 Robin 边界条件描述其热量传递过程：

$$-\boldsymbol{n}\cdot(-k\nabla T) = h_f(T_f - T_w) + \varepsilon_{ext}\sigma(T_f^4 - T_w^4) \tag{4-25}$$

式中，$\boldsymbol{n}$ 为边界的法向矢量。

热脱脂过程的高温气体对流换热过程属于流体流经平板换热，且流体运动速度较慢，属层流流动，则生坯外壁对流换热系数 h_f，可表示为：

$$h_f = Nu\frac{k}{l} \tag{4-26}$$

$$Nu = \frac{h_f l}{k} = 0.664Re^{1/2}Pr^{1/3} \tag{4-27}$$

$$Re = \frac{\rho vl}{\nu} \tag{4-28}$$

$$Pr = \frac{\nu c_p}{k} \tag{4-29}$$

凝胶固相残余组分含量方程可描述为：

$$\frac{\partial(w_i)}{\partial t} = -q_{m,i} \tag{4-30}$$

凝胶热解源项 $q_{m,i}$ 可表示为：

$$q_{m,i} = \beta\frac{d\alpha_i}{dT} \tag{4-31}$$

对于凝胶的热解过程，生坯壁面采用 Neumann 边界条件：

$$- \boldsymbol{n} \cdot (- D \, \nabla w_i) = 0 \tag{4-32}$$

热脱脂过程中，生坯块体受孔隙压力及热膨胀力作用，可用固体力学方程描述为：

$$\nabla \cdot \boldsymbol{\sigma} + F_{\mathrm{v}} = 0 \tag{4-33}$$

$$\boldsymbol{\sigma} = C\varepsilon + \alpha_T \Delta T \cdot \boldsymbol{I} + \alpha_{\mathrm{B}} p \boldsymbol{I} \tag{4-34}$$

式中，$\boldsymbol{\sigma}$ 为柯西应力张量；F_{v} 为体积力；p 为孔隙压强；C 为弹性矩阵，$C = C(E, \nu)$，E 为杨氏模量，ν 为泊松比；ε 为应变张量；α_{B} 为 Biot-Willis 系数；α_T 为热膨胀系数；$\boldsymbol{I}$ 为二阶单位矩阵。

等效应力 σ_i 遵循 Huber-von Misers-Hencky 屈服条件，通过下列方程描述：

$$\sigma_i^2 = 1/6 \left[(\sigma_x - \sigma_y)^2 + (\sigma_y - \sigma_z)^2 + (\sigma_z - \sigma_x)^2 \right] + \tau_{xy}^2 \tag{4-35}$$

式中，σ_x、σ_y 和 σ_z 分别为 x、y、z 方向的应力；τ_{xy} 为 xy 平面的剪切应力。

基于几何结构的对称性，模拟中截取 1/8 区域进行模拟，对截断壁面采用对称边界条件，可表示为：

$$\boldsymbol{u} \cdot \boldsymbol{n} = 0 \tag{4-36}$$

其余壁面采用自由壁面边界条件。

4.3.3　残余水分扩散模型

4.3.3.1　模型构建

采用水基凝胶注模的湿坯，干燥后生坯中不可避免会有少量结合水或游离水残留。在热脱脂过程中，低温下残余水分不断扩散溢出在坯体内形成湿应力，易造成坯体缺陷。

在此，基于菲克第二定律，忽略 Soret 效应影响，建立生坯热脱脂过程中低温下的残余水分扩散模型[166,173,174]，可描述为：

$$\frac{\partial W_t}{\partial t} = \nabla \cdot (D_{\mathrm{eff,w}} \, \nabla W) - S \tag{4-37}$$

$$D_{\mathrm{eff,w}} = D_0 \exp\left(-\frac{E_{\mathrm{a}}}{RT}\right) \tag{4-38}$$

式中，W_t 为 t 时刻的水分含量；$D_{\mathrm{eff,w}}$ 为水分在生坯内的有效扩散系数；S 为水蒸气源项；E_{a} 为水析出表观活化能。

水分汽化蒸发量 S[173]，可描述为：

$$S = \frac{(p_{\mathrm{s}} - p_v) \cdot M_{\mathrm{H_2O}}}{\rho R T} \tag{4-39}$$

式中，p_{s} 为饱和蒸气压；p_v 为当前温度 T 下的蒸气压；$M_{\mathrm{H_2O}}$ 为水的摩尔质量，g/mol。

热脱脂过程的低温阶段，生坯壁面上存在残余水分的蒸发行为，壁面边界条件[175]可描述为：

$$- \boldsymbol{n} \cdot (- D_{\text{eff,w}} \nabla W) = h_{\text{D}}(W - W_{\text{a}}) \tag{4-40}$$

式中，W_{a} 为脱脂炉内的气相水分含量。

残余水分在生坯内的有效扩散系数，按公式（4-41）计算[176]：

$$M_{\text{R}} = \frac{8}{\pi^2} \sum_0^\infty \frac{1}{(2n+1)^2} \exp\left[-\frac{(2n+1)^2 \pi^2 D_{\text{eff,w}} t}{4L^2} \right] \tag{4-41}$$

由于生坯干燥时间较长，可将上述公式进一步转换为[177]：

$$\ln M_{\text{R}} = \ln \frac{8}{\pi^2} - \frac{\pi^2 D_{\text{eff,w}} t}{4L^2} \tag{4-42}$$

式中，L 为生坯等效半径；M_{R} 为水分比；其中 $M_{\text{R}} = \dfrac{W_t}{W_0}$，$W_0$ 为生坯中残余水分的初始含量[178]。

以式（4-42）中的 $\ln M_{\text{R}}$ 对 t 作图，通过其斜率即可获得 $D_{\text{eff,w}}$。

残余水分析出过程，活化能 E_{a} 可按公式（4-43）计算：

$$\ln D_{\text{eff,w}} = \ln D_0 - \frac{E_{\text{a}}}{RT} \tag{4-43}$$

通过对 $\ln D_{\text{eff,w}}$ 和 $1/T$ 作图，求解水分析出动力学参数（扩散系数指前因子 D_0，活化能 E_{a}）。

对流传质系数 h_i，可表示为：

$$Sh = \frac{h_i l}{D_{\text{eff,w}}} = 0.664 \, Re^{1/2} Sc^{1/3} \tag{4-44}$$

$$Sc = \frac{\mu}{\rho D} \tag{4-45}$$

式中，Sh 为舍伍德数；Sc 为施密特数。

水分迁移至生坯表面后由液相转变为气相，通过边界热源形式加入传热方程（4-40）中，可表示为：

$$- \boldsymbol{n} \cdot (- k \nabla T) = \frac{h_{\text{v}} m_{\text{s}}}{A} \frac{\text{d} W_t}{\text{d} t} \tag{4-46}$$

式中，A 为生坯表面积；h_{v} 为水分蒸发潜热；m_{s} 为生坯质量。

4.3.3.2 残余水分析出动力学参数求解

为获得式（4-37）和式（4-38）中的水分析出有效扩散系数（$D_{\text{eff,w}}$）和活化能（E_{a}），开展了生坯在不同温度（70℃、80℃ 和 90℃）下的失重水分比实验。

实验过程为：将生坯置入干燥箱中每隔 20min 称重一次，记录生坯的质量，获得水分比 M_R 数据。生坯初始含水量 $w_0 = 3\%$，生坯尺寸为 $\phi3.5$cm×3.0cm。

图 4-2 所示为 70℃、80℃和 90℃下，水分比 M_R 随时间的变化曲线、$\ln M_R - t$ 和 $\ln D_{eff,w} - 1/T$ 拟合方程。由图 4-2 可知，随干燥的进行，水分比持续下降，且温度越高，M_R 下降越快。基于 M_R 数据，根据式（4-42）和式（4-43）获得水分析出动力学拟合方程（见图 4-2（b）），所有方程的 R^2 值均大于 0.93。70℃、80℃和 90℃下，水分在生坯中的有效扩散系数 $D_{eff,w}$ 分别为 3.35×10^{-9} m²/s、4.97×10^{-9} m²/s 和 5.72×10^{-9} m²/s，活化能 E_a 为 2.787×10^4 kJ/mol，D_0 为 6.118×10^{-5} m²/s。

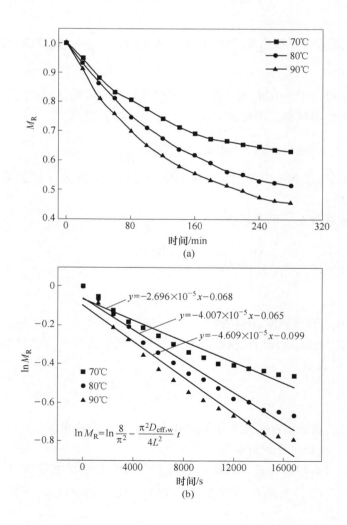

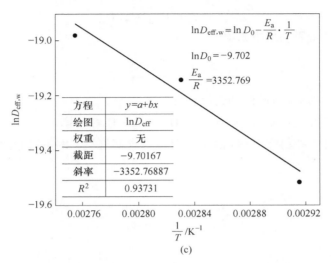

图 4-2 生坯在不同温度下干燥时的水分比 M_R、$\ln M_R - t$ 和 $\ln D_{eff,w} - 1/T$ 曲线

(a) M_R；(b) $\ln M_R - t$；(c) $\ln D_{eff,w} - 1/T$

4.3.4 热解动力学模型

受外壁气体加热作用，生坯中固相凝胶逐渐受热分解形成 CO、CO_2、H_2O、CH_4、C_xH_y 和 NO_x 等气相产物，并通过孔隙渗流的方式逐渐扩散至外界环境中，凝胶热解反应速率通过第 3 章的 M-PRM 动力学模型进行描述：

$$\frac{d\alpha}{dt} = \beta \frac{d\alpha}{dT} = k(\alpha) \cdot \exp\left(\frac{-E(\alpha)}{RT}\right) \cdot f(\alpha) \tag{4-47}$$

4.3.5 凝胶氧化燃烧模型

在空气气氛中进行热脱脂，环境中的氧气在分子扩散、Knudsen 扩散的作用下，不断向生坯内部扩散并与残余凝胶发生氧化燃烧反应，凝胶的氧化燃烧过程遵循式（4-47）的化学反应速率方程。氧气在孔隙内的扩散可用式（4-48）描述：

$$\frac{\partial(\varepsilon_p c_{O_2})}{\partial t} - \nabla \cdot (D_{eff,O_2} \nabla c_{O_2}) = R_{O_2} \tag{4-48}$$

式中，c_{O_2} 为氧气浓度；R_{O_2} 为凝胶燃烧反应源项；D_{eff,O_2} 为氧气的有效扩散系数，可表示为[170]：

$$D_{\mathrm{eff,O_2}} = \frac{\varepsilon_{\mathrm{p}}}{\tau} \frac{1}{1/D_{\mathrm{AB}} + 1/D_{\mathrm{kn}}} \tag{4-49}$$

氧气与残余凝胶的反应源项，可表示为：

$$R_{\mathrm{O_2}} = -R_{\mathrm{oxy}} \frac{\rho}{M} \varphi \sum_{i=1}^{n} \frac{\partial c_i}{\partial t} \tag{4-50}$$

式中，R_{oxy} 为单位质量凝胶的理论耗氧量。

凝胶和氧气发生燃烧反应，产生 CO、CO_2、H_2O、SO_2、N_2、NO_x 等热解气体，为此模型基于物料守恒和元素守恒计算在含氧气氛下的热脱脂过程的理论耗氧量。

物质守恒：

$$\sum_{i=1}^{N_{\mathrm{c}}} m_i - m_{\mathrm{oxy}} = m_{\mathrm{gel}} \tag{4-51}$$

元素守恒：

$$\sum_{i=1}^{N_{\mathrm{e}}} m_i w_{ij} - m_j = 0, \quad j = \mathrm{C, H, N, S} \tag{4-52}$$

式中，m_{gel} 为凝胶质量；m_{oxy} 为凝胶燃烧耗氧量；m_i 为第 i 种热解气体产物质量；m_j 为元素 j 的质量；w_{ij} 为元素 j 在 i 中的质量分数。

以最大耗氧量假定热解产物为 CO_2、H_2O、SO_2、N_2O_5，加上未知耗氧量共有 5 个待求变量。通过式（4-51）和式（4-52）构建五个物料守恒线性方程并结合表 2-1 中的凝胶聚合物有机元素分析数据，计算获得 DMAA/MBAM 聚合物的最高理论耗氧量为 2.007kg/kg。

空气在生坯表面的对流传质过程，可通过第二类边界条件描述：

$$-\boldsymbol{n} \cdot (-D_{\mathrm{eff,O_2}} \nabla c_{\mathrm{O_2}}) = h_i \times (c_0 - c_i) \tag{4-53}$$

式中，h_i 为对流传质系数，通过式（4-44）和式（4-45）计算；$\boldsymbol{n}$ 为单位向量；$D_{\mathrm{eff,O_2}}$ 为氧气的有效扩散系数；$c_{\mathrm{O_2}}$ 为氧气浓度；c_0 为环境中的氧气浓度；c_i 为生坯表面的氧气浓度。

4.4　网　格　划　分

本模型以几何结构为长方体的生坯为例，为减小计算量取其 1/8 区域进行模拟计算，对求解区域采用六边形单元进行网格划分，同时对边界进行局部网格加密处理，总计 8164 个单元，求解的自由度数为 223295，具体网格划分及对称面选取如图 4-3 所示。

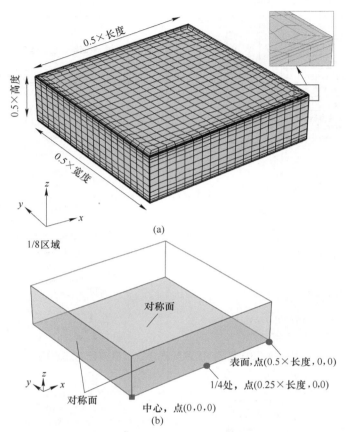

图 4-3　生坯三维几何尺寸及网格划分示意图

（a）网格划分；（b）对称边界选取

4.5　模型求解方法

在 COMSOL Multiphysics 软件平台上，采用软件提供的自定义 PDE 模式建立考虑分子扩散、Knudsen 扩散的达西流动方程、多孔介质传热方程，以描述凝胶热解水汽在生坯内的热质传递过程；通过固体力学模块实现应力应变计算，通过稀物质传递模块描述残余凝胶热解反应、残余水分及空气扩散过程，通过物质源项、能量源项来实现 M-PRM 动力学模型与热-流-固多物理场耦合模型的化学反应信息传递。

对建立的方程采用有限元方法离散，离散的方程组通过 NUMPS 求解器直接求解，固定时间步长为 30s，具体计算流程如图 4-4 所示，多物理场耦合源项数据交换示意图如图 4-5 所示。模型计算采用的硬件平台为：DELL T7810 服务器，

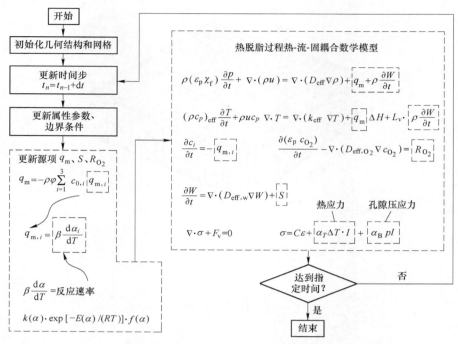

图 4-4　3D 热-流-固多场耦合数学模型计算流程图

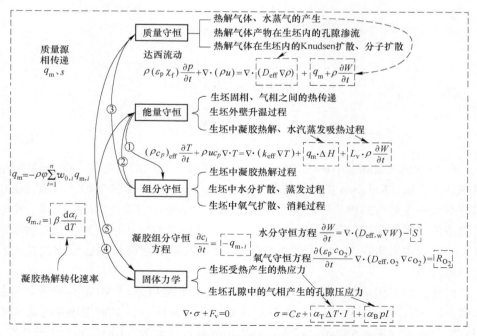

图 4-5　多物理场耦合原理示意图

CPU 为 18 核 36 线程（E5-2696v3 2.3GHz），3×16G DDR4 服务器内存，4TB 机械硬盘。模型中所用生坯的物性参数见表 4-1。

表 4-1 模型中使用的 SiAlON 生坯基本物性参数

模型参数	数值
DMAA/MBAM 凝胶质量分数/%	10.0
固相体积分数/%	50
生坯初始孔隙率/%	40
生坯线性膨胀系数/K^{-1}	$1.278×10^{-5}-1.958×10^{-5}T+1.353×10^{-11}T^2-3.115×10^{-15}T^3$
生坯导热系数/$W \cdot (m \cdot K)^{-1}$	$1×10^{-6}T^2-0.0014T+0.7367$
生坯比热/$J \cdot (kg \cdot K)^{-1}$	$4×10^{-5}T^2+0.2223T+282.45$
生坯密度/$kg \cdot m^{-3}$	1800
泊松比	0.3
杨氏模量/MPa	180
微孔等效直径/nm	140
热解气体平均摩尔质量/$g \cdot mol^{-1}$	44
凝胶热解潜热/$J \cdot kg^{-1}$	$3.0×10^5$
凝胶氧化燃烧潜热/$J \cdot kg^{-1}$	$9.0×10^6$
Biot-Willis 数	1.0
流体可压缩性/Pa^{-1}	$2.73×10^{-3}/T$
水的相变潜热/$J \cdot kg^{-1}$	$2.2×10^6$
空气气氛条件下氧气浓度 c_{O_2}/$mol \cdot m^{-3}$	9.68

4.6 数学模型验证

4.6.1 网格无关性验证

为有效减小网格尺寸对模型计算结果的影响，保证模拟结果的可靠性，本研究分别采用粗化、常规、细化三种策略进行网格划分，网格数量及网格质量见表 4-2。

表 4-2 不同网格划分策略的网格质量

网格参数	粗化	常规	细化
网格数	2410	4796	8164
六面体	1980	4050	7060

网格参数	粗化	常规	细化
四边形	800	1410	2090
边单元	116	160	200
最小单元质量	0.343	0.2833	0.2567
平均单元质量	0.7506	0.8102	0.8262
单元体积比	0.007307	0.007673	0.005925

图 4-6 所示为不同网格尺寸下生坯内的压力随温度的变化曲线。计算条件为：惰性气氛，线性升温速率 1℃/min，最高温度为 700℃，凝胶含量（质量分数）为 10%，坯体尺寸 9cm×9cm×2.5cm。

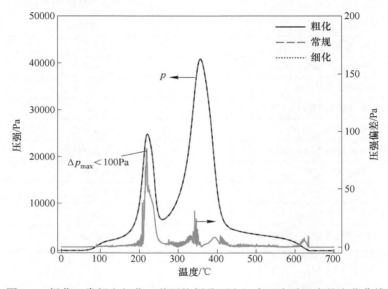

图 4-6　粗化、常规和细化三种网格划分下生坯内压力随温度的变化曲线

由图 4-6 可知，采用粗化、常规和细化三组网格划分策略的计算的压力曲线重叠，粗化网格与细化网格计算结果的最大误差为 100Pa，相对误差仅为 0.49%，网格尺寸对计算结果的影响不大。为保证模型计算结果具有较高的精度，后续研究统一采用细化网格划分策略。

4.6.2　实验验证

4.6.2.1　实验装置搭建

为验证所建立的大尺寸生坯热脱脂过程多物理场耦合仿真模型的可靠性，本研究通过管式炉、高精度温控仪、分析天平和多路数据采集器等设备自行设计并搭建了大块生坯热脱脂过程热重分析实验装置。具体实验装置连接示意图和实物图，如图 4-7 和图 4-8 所示。

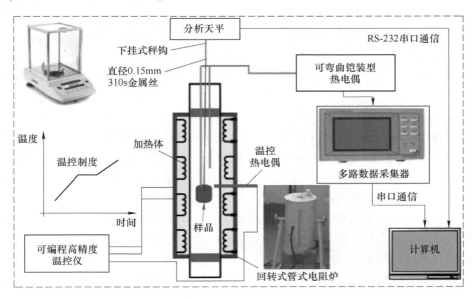

图 4-7 数学模型验证实验装置示意图

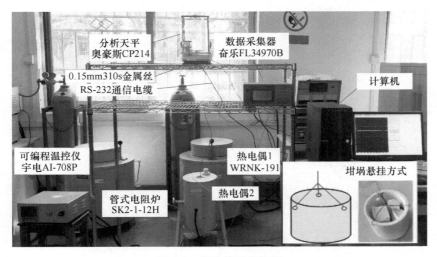

图 4-8 实验装置实物图

管式炉炉管竖直朝向，空气的热胀冷缩特性会对热失重数据带来一定程度的影响。炉子底部放空，在烟囱效应的作用下，底部新鲜空气不断进入加热管内，保证脱脂过程处于氧气状态。选取直径为 0.15mm 的 310s 耐高温金属细丝，将坩埚悬空挂于分析天平底部的挂钩上，同时设置分析天平的 RS-232 串口通信协议及打印设置，通过 C#程序设计语言编写分析天平重量数据读取程序，实时获得大块体生坯热脱脂过程的重量变化。在管式炉中的坩埚附近不同位置插入两个铠装型可弯折热电偶（型号 WRNK-191，插入位置如图 4-7 所示）用于测量管式炉内的瞬态温度，通过多路数据采集器经 RS-232 串口在计算机上实时采集温度数据。

4.6.2.2　模型验证

温控仪控温制度为室温~600℃，以 2℃/min 的升温速率在空气气氛中线性升温至 110℃，并在 110℃保温 30min，随后继续以 2℃/min 线性升温至 600℃，并在 600℃保温 2h；生坯尺寸约为：1.0cm×1.0cm×1.0cm，取三次重复实验的测量值的平均值作为最终的验证数据。

图 4-9 所示为大块生坯热脱脂过程的 TG 和 DTG 实验测量曲线。由图可知，生坯存在 3 个失重峰，在 110℃保温后约有 1.07%的失重，对应于大块坯体中的少量残余水分的扩散析出；230℃以后，坯体才开始快速失重，分别在 305℃和440℃达到 DTG 曲线的两个峰值，对应于 DMAA/MBAM 聚合物的热氧化失重过程。

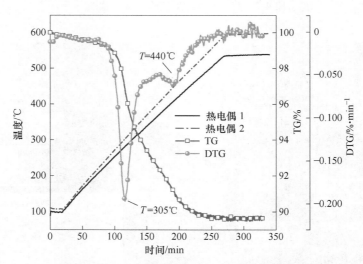

图 4-9　大块生坯热重实验测量的 TG-DTG 曲线

采用数学模型计算脱脂过程中坯体内的残余水分含量、凝胶含量及表面气体析出速率，所得结果如图 4-10 所示。由图可知，热脱脂过程主要存在 4 个气体产物析出速率峰，所对应的峰值温度分别为 118℃（峰 1）、218℃（峰 2）、297℃（峰 3）和 430℃（峰 4）。第一个气体析出速率峰为残余水分的扩散析出，后三个气体析出速率峰，分别对应于聚合物在空气气氛下的三个热解峰，这与第 2 章的 TG-DTG 分析结果基本一致。最大失重率在 297℃，结合图 4-10（b）可知，该温度下氧气已扩散进入坯体内部，聚合物发生氧化燃烧反应，释放大量热量，造成坯体中心温度高于表面温度。

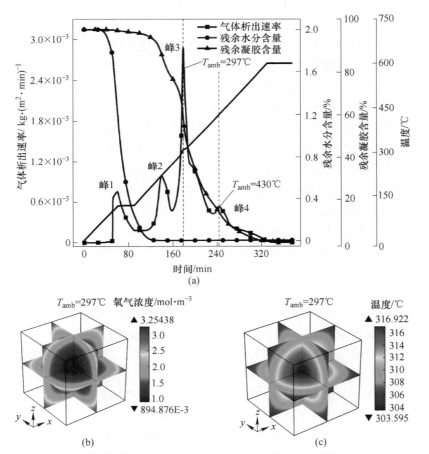

图 4-10　坯体内的温度、氧气浓度、残余水分、凝胶含量及表面气体析出速率计算结果
（a）残余水分、凝胶含量、表面气体析出速率；（b）氧气浓度云图；（c）温度云图

对比图 4-9 和图 4-10 可知，实验测得的最大失重率在 305℃ 左右，模型预测值约为 297℃，偏差较小。同时还发现，模型预测的 DMAA/MBAM 聚合物热氧化脱除过程存在 4 个气体析出速率峰，而实验测得只有两个失重峰，也存在一定的偏差。分析认为造成这一偏差的原因主要有：（1）管式炉的炉温在不同区域存在一定的差异，离炉管中心越近，温度越高，坩埚真实温度与热电偶测量值存在偏差；（2）模型考虑了热解气体在生坯内的达西流动和分子扩散、Knudsen 扩

散，然而由于颗粒内部孔隙结构的复杂性，气体产物在坯体内的渗流传质传热过程难以完全真实描述造成的偏差。总体上，大块生坯热脱脂实验结果与数值模拟结果吻合良好，表明建立的模型能反映生坯的热脱脂过程。

4.7　本 章 小 结

（1）针对热解气体产物在生坯孔隙内的复杂渗流传质传热过程，基于 COMSOL 软件平台构建了考虑水分扩散、蒸发，聚合物热解，孔隙率演变，气相（水分、热解气体、氧气）在生坯孔隙中的达西流动和分子扩散、Knudsen 扩散，多孔介质传热及应力演变的 DMAA/MBAM 凝胶体系注模 SiAlON 陶瓷生坯热脱脂过程热-流-固多场耦合数学模型，探讨了多物理场耦合求解方法：

1）基于生坯水分比 M_R 实验，建立了热脱脂过程中残余水分在多孔生坯中的扩散动力学方程 $D_{eff,w} = D_0 \exp[-E_a/(RT)]$，获得了水分扩散系数指前因子（$D_0 = 6.118 \times 10^{-5} \, m^2/s$）和活化能（$E_a = 2.787 \times 10^4 \, kJ/mol$）；通过将水的饱和蒸气压与实际温度下的蒸汽压差作为水分汽化蒸发量源项纳入方程，并结合菲克第二定律建立了可描述水分扩散和蒸发的残余水分扩散模型。

2）针对热脱脂过程中复杂的热解反应-气体渗流传质耦合问题，通过自定义 PDE 模式实现水分、空气及热解气体在孔隙内的分子扩散、Knudsen 扩散与达西流动的质量传递耦合计算。

3）针对 DMAA/MBAM 凝胶体系存在多热解反应峰的问题，提出采用多阶段并行反应模型配合多个无扩散的物质传递模型，计算凝胶热解质量损失，并通过质量和能量源项建立与多孔介质传热、传质模型的关联，实现热解反应动力学与热-流-固多物理场耦合。

（2）在相同工况条件下，采用所建立的陶瓷生坯热脱脂过程的热-流-固多场耦合数学模型，模拟计算了热脱脂过程生坯的热失重曲线，并经大块生坯热脱脂实验进行了验证。结果表明，模拟结果与实验数据吻合度良好，说明该模型能够较好地描述整个热脱脂过程，是研究热脱脂过程坯体内各物理场时空分布特性的有效工具。

5　生坯热脱脂过程的多物理场耦合数值模拟

5.1　概　　述

本章基于已建立的凝胶注模 SiAlON 陶瓷生坯热脱脂过程的热-流-固多场耦合数学模型，开展多因素仿真实验，讨论整个热脱脂过程坯体内的残余凝胶含量、温度、压强及应力的时空分布特性；考察环境气氛、残余水分含量、升温速率等因素对各物理场的影响；并通过构建限定聚合物反应速率（$d\alpha/dt$）的分段升温程序，进一步优化热脱脂工艺，为有效地预防或消除由过高温度、压强及应力梯度引起的坯体缺陷，提供可靠的理论基础和技术支撑。

5.2　惰性气氛各物理场时空分布

基准工况条件为：惰性气氛，微孔等效直径为 140nm，生坯尺寸为 9cm×9cm×2.5cm，外部环境压强为 1atm（1atm=1.013×10⁵Pa），凝胶含量（质量分数）为 10%，残余水分（质量分数）为 0%，升温速率为 1℃/min，环境气体流速为 0.1m/s。

5.2.1　温度场

图 5-1 所示为不同环境温度下，坯体 $x=0$、$y=0$ 和 $z=0$ 截面的温度场云图。图 5-2 所示为生坯在 x 轴方向不同区域（$y=0$、$z=0$）的温度梯度 ΔT 随时间的变化曲线。图中，L 为生坯在 x 轴方向的长度，点（0，0，0）为生坯的正中心。

由图 5-1 和图 5-2 可知，热脱脂过程，坯体内存在一定的温度梯度，呈现表面温度高而中心低的分布特性。在聚合物热降解反应最激烈的两个温度区间（200~250℃和300~410℃）内，坯体内存在较大的温度梯度，且在 355℃ 达到最大温差 7.9℃。结合惰性气体下的 DSC 曲线可知，惰性气氛中聚合物的热解为吸热反应，导致在热解温度区间内坯体的内外温差较大。

5.2.2　残余凝胶浓度场

图 5-3 所示为不同环境温度下，生坯 $x=0$、$y=0$ 和 $z=0$ 截面的残余凝胶含量

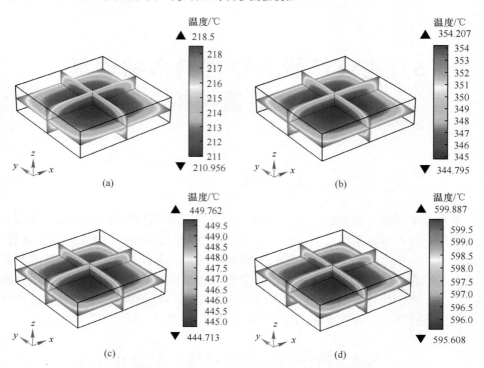

图 5-1 不同温度下，生坯不同区域（$x=0$、$y=0$ 和 $z=0$ 截面）的温度场分布云图

（a）$T_{amb}=220℃$；（b）$T_{amb}=355℃$；（c）$T_{amb}=450℃$；（d）$T_{amb}=600℃$

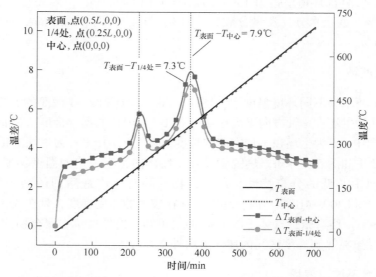

图 5-2 脱脂过程中坯体内不同区域（x 轴方向，$y=0$、$z=0$）的温度梯度随时间的变化曲线

分布云图。图 5-4 所示为生坯不同区域（x 轴方向，$y=0$、$z=0$）的残余凝胶含量 w 与内外温差 ΔT 随时间及离中心距离的变化曲线。

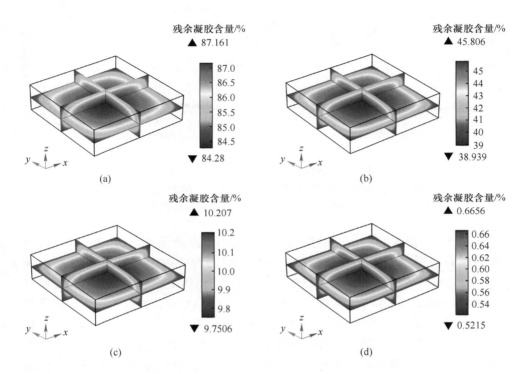

图 5-3 不同环境温度下，生坯内不同区域（$x=0$、$y=0$ 和 $z=0$ 截面）的残余凝胶含量云图

（a）$T_{amb}=220℃$；（b）$T_{amb}=355℃$；（c）$T_{amb}=450℃$；（d）$T_{amb}=600℃$

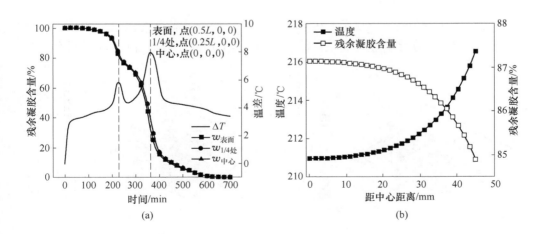

（a）　　　　　　　　　　　　　　（b）

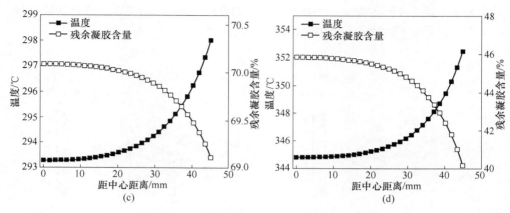

图 5-4 生坯内不同区域（x 轴方向，$y=0$、$z=0$）的残余
凝胶含量 w 与内外温差 ΔT 随时间和距中心距离的变化曲线

（a）0~700℃；（b）220℃；（c）300℃；（d）355℃

由图 5-3 和图 5-4 可知，坯体中心（0，0，0）至表面（$0.5L$，0，0），残余凝胶含量存在较大的差异。在 220℃，中心和表面的残余凝胶含量分别约为 87.14% 和 84.91%，浓度差为 2.23%；在 300℃，坯体中心和表面的残余凝胶含量约为 70.08% 和 69.11%，浓度差为 0.97%；在 355℃时，中心的残余凝胶含量约为 45.81%，表面的残余凝胶含量约为 40.16%，浓度差为 5.65%。因此，坯体内部温度梯度最大的区域对应于坯体内外残余凝胶浓度差最大的区域，这表明温度梯度是导致残余凝胶浓度梯度的决定性因素，直接决定了坯体内不同区域的凝胶热降解速率。

5.2.3 压强场

图 5-5 所示为不同温度下，生坯 $x=0$、$y=0$ 和 $z=0$ 截面的压强（表压 p）分布云图。图 5-6 所示为生坯 x 轴截面（$y=0$、$z=0$）的压强随时间的变化曲线。

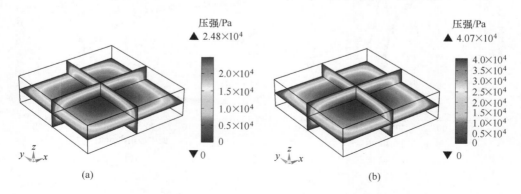

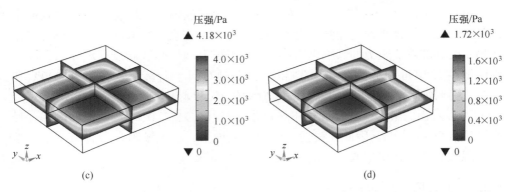

图 5-5　不同环境温度下，生坯内不同区域（$x=0$、$y=0$ 和 $z=0$ 截面）的压强分布云图

（a）$T_{amb}=220℃$；（b）$T_{amb}=355℃$；（c）$T_{amb}=450℃$；（d）$T_{amb}=600℃$

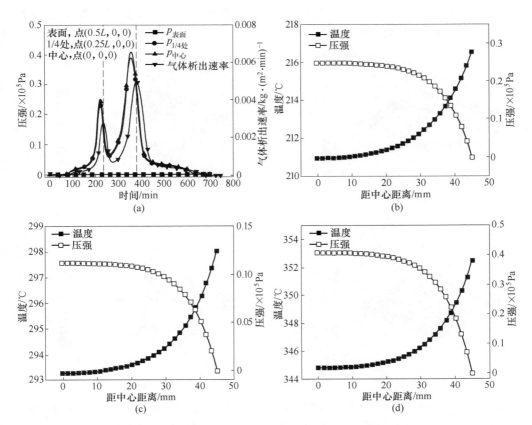

图 5-6　生坯内不同区域（x 轴方向，$y=0$、$z=0$）的压强随时间和距中心距离的变化曲线

（a）p 和 v_{gas}；（b）220℃下的 T 和 p；（c）300℃下的 T 和 p；（d）355℃下的 T 和 p

　　由图 5-5 和图 5-6 可知，坯体内存在较大的压强梯度，呈现中心大而表面小的分布特性。坯体表面的压强趋近于零，这是因为在表面区域的聚合物热解气相产物不受孔隙渗流阻力的影响可直接扩散至外部环境。热脱脂过程坯体内孔隙压强的演变过程可划分为 0~255℃ 和 255~650℃ 两个阶段，且分别在 220℃ 和 355℃ 达到各阶段中心压强的最大值 $2.51×10^4$ Pa 和 $4.10×10^4$ Pa。从图 5-6（b）~（d）可以看出，最大压强梯度位于坯体 1/4 处（$0.25L$，0，0）至表面区域，最高可达 $2.86×10^4$ Pa，因此在线性升温脱脂制度下，该区域附近最容易发生开裂或出现微裂纹，必须采取一定的保温措施予以消除。

5.2.4　应力场

　　图 5-7 所示为不同环境温度下，生坯 $x=0$、$y=0$ 和 $z=0$ 截面的范式等效应力（σ，Von Mises stress）分布云图。由图可知，不同区域内的应力存在较大差异，呈现表面和中心应力大而顶角区域应力小的分布特性，这是表面区域较高的温度梯度及中心较大孔隙压力协同作用的结果。

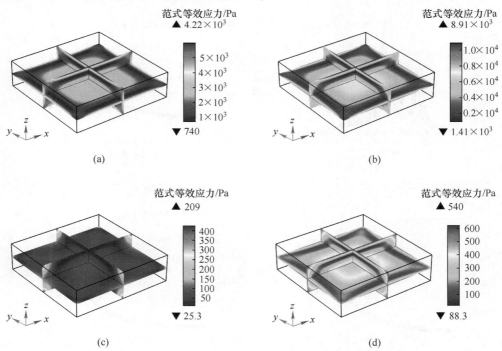

图 5-7　不同环境温度下，生坯内不同区域（$x=0$、$y=0$ 和 $z=0$ 截面）的范式等效应力云图
（a）$T_{amb}=220℃$；（b）$T_{amb}=355℃$；（c）$T_{amb}=450℃$；（d）$T_{amb}=600℃$

　　图 5-8 所示为坯体内不同区域（x 轴方向，$y=0$、$z=0$）的范式等效应力随时

间的变化曲线。由图可知，坯体内的范式等效应力呈现与温度梯度和压强一致的双峰分布特性，且分别在220℃和355℃附近达到两个应力峰值。不同环境温度下，从表面至中心，应力均呈现先急剧减小后迅速增加继而在距中心约20mm处趋于平缓的变化趋势，在离表面约7mm区域达到最小应力值。以220℃和355℃为例，表面最大应力分别为4.27×10^3 Pa和8.93×10^3 Pa，离表面约7mm的区域最小应力分别为7.0×10^2 Pa和1.31×10^3 Pa。从三维应力分布云图发现，坯体表面应力最大、中心区域次之，而顶角区域应力值最小。因此，坯体易发生表面开裂、翘曲形变，这与实验过程中坯体开裂、翘曲现象一致。

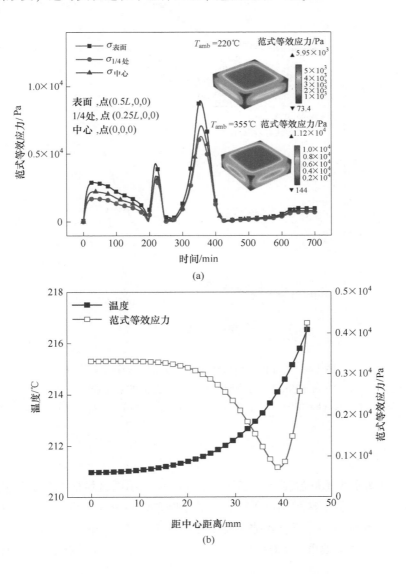

(a)

(b)

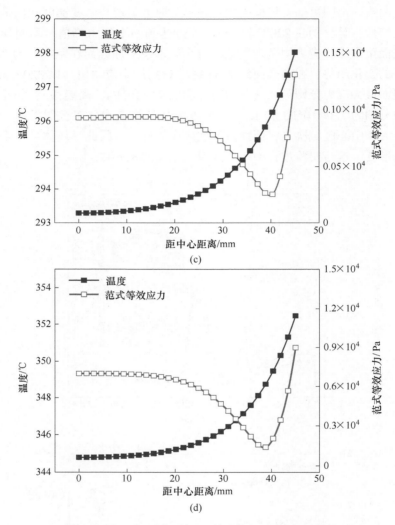

图 5-8   生坯内不同区域（x 轴方向，$y=0$、$z=0$）的
范式等效应力随时间和距中心距离的变化曲线

（a）σ 和 ΔT；（b）220℃下的 T 和 σ；（c）300℃下的 T 和 σ；（d）355℃下的 T 和 σ

5.2.5   速度场

图 5-9 所示为不同温度下生坯（1/8 对称块）不同区域内的气体速度矢量云图。由图可知，整个热脱脂过程中，凝胶不断热降解形成小分子气体，由坯体内部向外壁扩散逸出，受坯体孔隙渗流阻力的影响，坯体表面气体运动速度显著高于内部气体的运动速度。220℃时，由于仅有 13% 左右的凝胶热解，气体产物较

少且在低温下的运动速率较小，坯体表面的运动速度约为（10.0~15.0）×10⁻⁵ m/s；该温度下坯体内部孔洞尚未贯通，气体难以迅速排出，坯体中心的气体运动速度小于 5.0×10⁻⁵ m/s。355℃位于聚合物的快速裂解区间，54%~60%的聚合物在较窄的温度附近内迅速裂解，此时坯体内具有最高的温度梯度和气体浓度梯度，且由于凝胶热解脱除形成的孔隙显著增加，大量气体产物在较高温度及浓度梯度下以约 3.0×10⁻⁴ m/s 快速逸出。而温度大于 450℃时，由于热解气体产物大量减少且坯体内外温度梯度及气相浓度梯度大幅降低，因此坯体内气体的运动速度减小，坯体中心的最大运动速度小于 1.0×10⁻⁵ m/s。

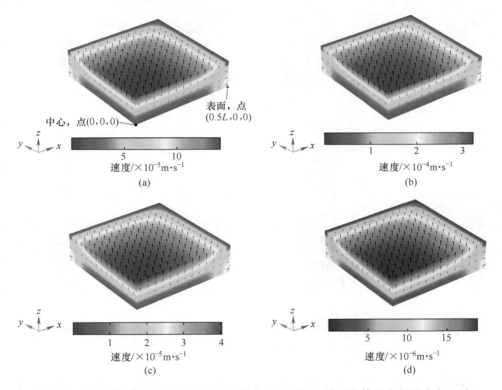

图 5-9　不同环境温度下生坯（1/8 对称块）内不同区域的气体速度矢量分布云图
（a）T_{amb} = 220℃；（b）T_{amb} = 355℃；（c）T_{amb} = 450℃；（d）T_{amb} = 600℃

5.3　空气气氛各物理场时空分布

　　工况条件为：空气气氛，微孔等效直径为 140nm，生坯尺寸为 9cm×9cm×2.5cm，凝胶含量（质量分数）为 10%，残余水分含量（质量分数）为 0%，升

温速率为 $1℃/min$，壁面气体流速为 $0.1m/s$。

图 5-10 所示为不同温度下坯体内的氧气浓度分布云图。由图可知，420℃前由于大量热解气体不断逸出，外界氧气难以扩散至内部，聚合物以热降解为主；500℃后气体产物较少，氧气缓慢扩散至坯体内部，凝胶可发生氧化燃烧反应。

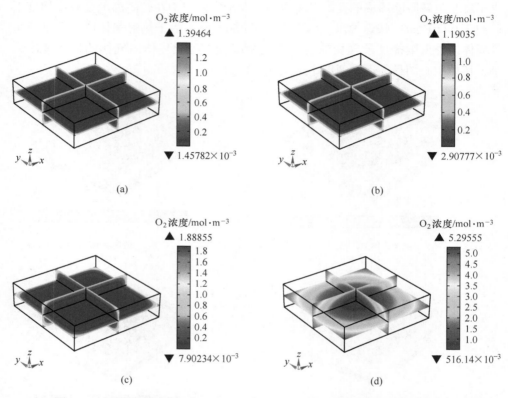

图 5-10　不同温度下生坯内（$x=0$、$y=0$ 和 $z=0$ 截面）的氧气浓度分布云图
（a）$T_{amb}=220℃$；（b）$T_{amb}=295℃$；（c）$T_{amb}=420℃$；（d）$T_{amb}=500℃$

图 5-11 为坯体内的温度梯度 ΔT、残余凝胶含量 w、压强 p、范式应力 σ 及表面气体析出速率 v_{gas} 随时间的变化曲线。

由图 5-11（a）可知，200℃后由于聚合物在有氧环境下发生热氧化反应，凝胶含量迅速减少，在 250℃左右，生坯中心仍有 77.62% 的凝胶残留，当温度升高至 600℃后凝胶含量不再下降，表明聚合物已基本热解完全。由图 5-11（b）可知，ΔT 曲线呈现三峰分布的特性，分别在 220℃、289℃ 和 500℃ 达到最大温差 5.49℃、7.31℃ 和 3.44℃；结合氧气浓度曲线可知，在 496~525℃温度区间内，由于处于富氧环境，凝胶发生氧化燃烧反应并释放大量热量，因此坯体中心

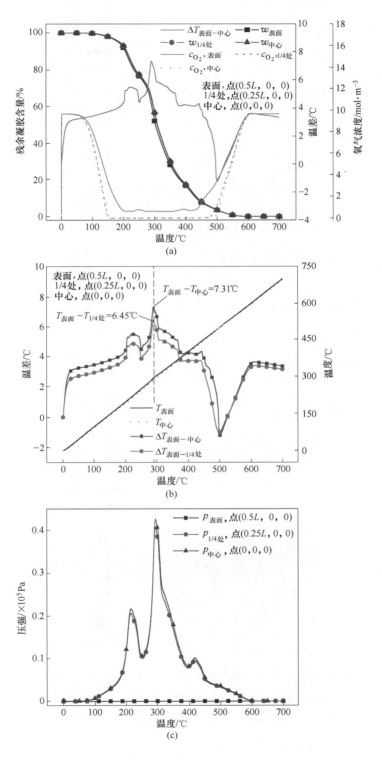

(a)

(b)

(c)

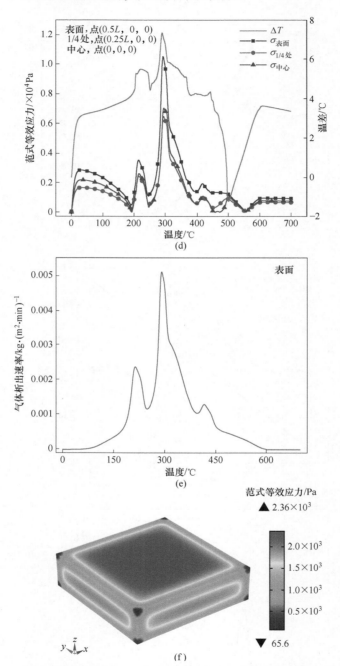

图 5-11   坯体内的温度梯度 ΔT、残余凝胶含量 w、氧气浓度 c_{O_2}、压强 p、范式应力 σ 及
表面气体析出速率 v_{gas} 随温度的变化曲线（空气气氛）

（a）w、ΔT 和 c_{O_2}；（b）ΔT；（c）p；（d）σ；（e）v_{gas}；（f）范式等效应力 σ 云图

的温度高于表面温度。对比图5-2可知，由于空气气氛存在放热反应，温度梯度较惰性气氛小。由图5-11（c）可知，坯体中心的压强最大，表面的压强趋近于零。整个热脱脂过程压强曲线存在三个峰值，最大中心压强分别为 $2.16\times10^4\text{Pa}$（$T=216℃$）、$4.24\times10^4\text{Pa}$（$T=295℃$）和 $1.01\times10^4\text{Pa}$（$T=418℃$），最大压强较惰性气氛增加了3.4%。结合图5-11（e）可知，这主要是由 DMAA/MBAM 聚合物的热氧化反应特性决定的。由图5-11（d）可知，坯体1/4区域的应力最小，中心次之，而表面应力最大。表面应力曲线的三个峰值分别为 $0.36\times10^4\text{Pa}$（$T=214℃$）、$1.05\times10^4\text{Pa}$（$T=293℃$）和 $0.20\times10^4\text{Pa}$（$T=416℃$），最大应力较惰性气氛增加了11%。结合图5-11（f）中的应力云图可知，空气气氛下的热脱脂过程，坯体顶角区域应力最小，而表面和中心应力大，易导致翘曲形变。

5.4　工艺参数对热脱脂过程的影响

热脱脂过程中，升温速率、残余水分、坯体尺寸等因素影响坯体内部温度梯度及凝胶热解过程，进而影响热应力及压应力的分布情况[179]。因此，采用单因素分析方法，以惰性气氛为例，分析了上述各因素对各物理场的影响规律，具体工况条件见表5-1。

表5-1　工艺参数工况条件设定

参数	工况编号	尺寸/cm×cm×cm	外界压强/atm	凝胶含量（质量分数）/%	水分含量（质量分数）/%	壁面气体流速/m·s⁻¹	升温速率/℃·min⁻¹
残余水分	A1	9.0×9.0×2.5	1	10	0	0.1	1
	A2	9.0×9.0×2.5	1	10	0.5	0.1	1
	A3	9.0×9.0×2.5	1	10	1.0	0.1	1
	A4	9.0×9.0×2.5	1	10	1.5	0.1	1
	A5	9.0×9.0×2.5	1	10	2.0	0.1	1
升温速率	A6	9.0×9.0×2.5	1	10	0	0.1	2
	A7	9.0×9.0×2.5	1	10	0	0.1	3
	A8	9.0×9.0×2.5	1	10	0	0.1	4
	A9	9.0×9.0×2.5	1	10	0	0.1	5
坯体尺寸	A10	1.8×1.8×0.5	1	10	0.0	0.1	1
	A11	3.6×3.6×1.0	1	10	0.0	0.1	1
	A12	5.4×5.4×1.5	1	10	0.0	0.1	1
	A13	12.6×12.6×3.5	1	10	0.0	0.1	1

5.4.1　残余水分

在后续脱脂过程，水基凝胶体系注模的陶瓷生坯，若干燥脱水不充分，残余水分吸热汽化或蒸发（小于200℃）形成应力易导致坯体开裂。因此，重点分析了200℃前的残余水分析出过程对坯体内的温度梯度、压强及应力的影响。

图 5-12 所示为不同水分含量的生坯内的压强、表面与中心温度梯度和范式等效应力随温度的变化曲线。由图可知，200℃前，随着残余水分含量的增加，坯体中心的压强、表面至中心的温度梯度、范式等效应力及表面水汽的析出速率迅速增加，当水分含量（质量分数）大于 1.5% 时，低温下由于水分扩散析出造成的坯体表面与中心的温差大于凝胶热解造成的温度梯度，这主要是由于水分蒸发吸热量大于凝胶热解吸热造成的；且此时残余水分造成的孔隙压强、应力甚至

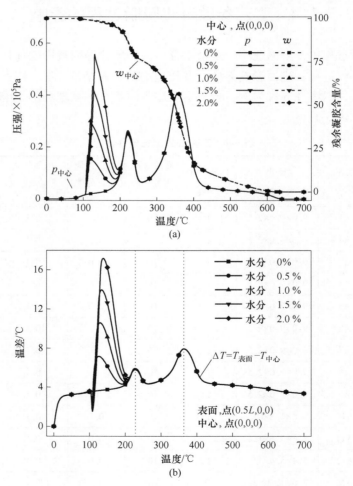

(a)

(b)

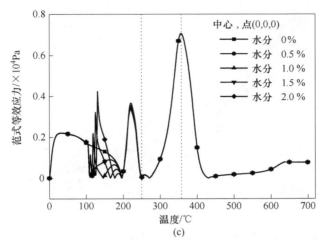

图 5-12 不同残水水分含量下，坯体内的残余凝胶含量 $w_{中心}$、

压强 $p_{中心}$、温度梯度 ΔT、范式应力 $\sigma_{中心}$ 随温度的变化曲线

（a）$w_{中心}$，$p_{中心}$；（b）ΔT；（c）$\sigma_{中心}$

大于聚合物热解造成的压强及应力值。由此可知，残余水分含量越大，低温（<200℃）下坯体内产生的压强及应力也越大，聚合物还未开始脱除，坯体就可能开裂。对于 DMAA/MBAM 水基凝胶体系注模的陶瓷生坯，在干燥阶段，残余水分（质量分数）应控制在 0.5%以下。

5.4.1.1 低温（<100℃）水分脱除

上述分析表明，残余水分过多可能使得热脱脂过程中坯体内的应力过大，易造成坯体开裂，在此讨论了低温保温措施下的残水分脱除行为，分别在不同温度实施一步保温措施。工况条件为：惰性气氛，微孔等效直径为 140 nm，生坯尺寸为 9cm×9cm×2.5cm，外部环境压强为 1atm（1atm = 1.013×10⁵Pa），残余水分含量为 2%，升温速率为 1℃/min，环境气体流速为 0.1m/s。

图 5-13 所示为不同保温温度下，坯体内残余水分的失重曲线。由图可知，在 70℃、80℃和 90℃分别保温 48h，残余水分含量减少至 0.71%、0.48%和 0.30%，由此可知保温温度越高，残余水分析出越快。同时还发现，在低于 100℃下，由于水分主要以液相形式缓慢扩散析出，完全脱除则需更长时间。

5.4.1.2 高温（>100℃）水分脱除

图 5-14 所示为在 110℃、115℃和 120℃分别保温 6h 时，坯体内的压强、应力及残水水分含量随时间的变化曲线。

由图 5-14 可知，当保温温度高于 100℃时，坯体内的残水水分可约在 4.5h 内完全脱除，且随保温温度升高，坯体中心的最大应力消除效果越弱，在 110℃

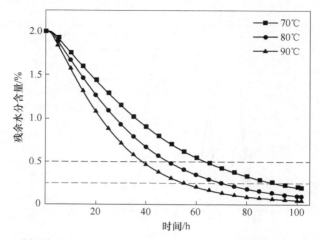

图 5-13 低温保温下（70℃、80℃和90℃）的坯体内残水水分失重曲线

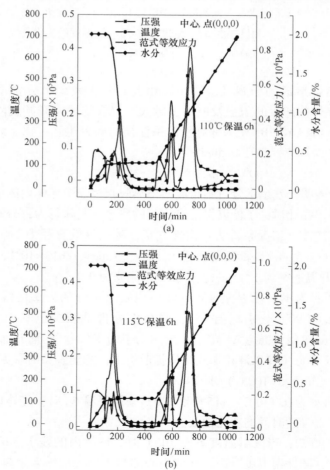

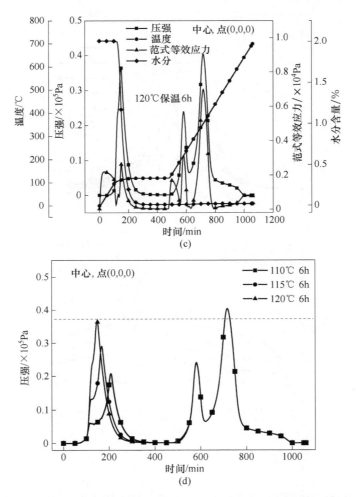

图 5-14 低温保温 6h，坯体内压强、范式等效应力及残水水分含量随时间的变化曲线

（a）110℃；（b）115℃；（c）120℃；（d）压强曲线

保温，中心最大应力由原来的 $2.89×10^4 Pa$ 减小至 $1.43×10^4 Pa$，约降低 50%；而在 120℃保温，中心最大应力仅减小为原来的 74%。因此，在上述给定工况条件下，在 110℃保温 4.5h，可在保证生坯内应力大幅减小的情况下，将残余水分有效脱除。

5.4.2 升温速率

图 5-15 所示为在不同升温速率下，凝胶残余含量 w、压强、坯体表面与中心温度梯度、范式等效应力随温度的变化曲线。

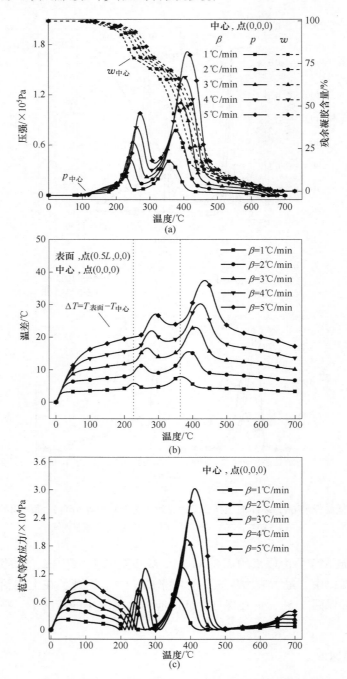

图 5-15   不同升温速率下的热脱脂过程中，坯体内的残余凝胶

含量 $w_{中心}$、压强 $p_{中心}$、温度梯度 ΔT、范式等效应力 $\sigma_{中心}$ 随温度的变化曲线

（a）$w_{中心}$，$p_{中心}$；（b）ΔT；（c）$\sigma_{中心}$

由图 5-15 可知，随加热速率的增加，$w_{中心}$ 曲线向高温区域偏移，这是由于加热速率过快会导致热滞后现象，坯体内的聚合物中部分基团来不及热解完全，而只能在更高的温度完成热解。加热速率越快，坯体内部的压强越大，当 β 从 1℃/min 增加至 5℃/min 时，坯体中心的最大压强从 $4.08×10^4$ Pa（$T=357$℃）增加至 $1.72×10^5$ Pa（$T=411$℃），提高了约 3.2 倍。升温速率越大，温差及中心应力也越大，当 β 从 1℃/min 增加至 5℃/min 时，ΔT 的最大值从 7.95℃（$T=364$℃）增加至 37.41℃（$T=436$℃），增大了 3.7 倍；而应力从 $7.07×10^3$ Pa 增大至 $3.03×10^4$ Pa，提高了约 3.3 倍。总体上，加热速率越快，坯体内部温度梯度、孔隙压强及应力也越大，越容易造成坯体开裂，因此，应在较小的升温速率下进行热脱脂。

5.4.3　坯体尺寸

图 5-16 所示为不同尺寸的生坯内凝胶残余含量、压强、表面与中心温度梯度和范式等效应力随温度的变化曲线。坯体内最大压强、应力、内外温差见表 5-2。

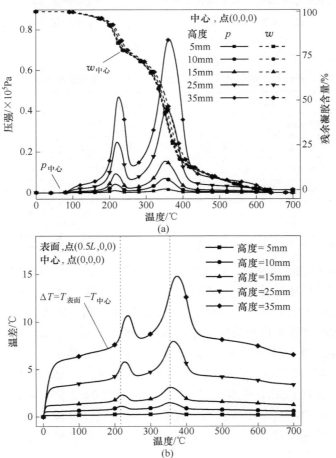

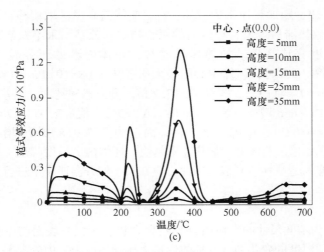

图 5-16　不同尺寸（高度）的生坯热脱脂过程中的残余凝胶含量 $w_{中心}$、压强 $p_{中心}$、

温度梯度 ΔT 和范式等效应力 $\sigma_{中心}$ 随温度的变化曲线

（a）$w_{中心}$，$p_{中心}$；（b）ΔT；（c）$\sigma_{中心}$

表 5-2　不同尺寸的坯体中最大压强、应力、温度梯度及气体析出速率

高度/cm	$\sigma_{max,中心}$		ΔT_{max}		$p_{max,中心}$	
	数值/Pa	$T/℃$	$\Delta T/℃$	$T/℃$	数值/Pa	$T/℃$
0.5	$2.90×10^2$	349.02	0.42	351.02	$1.75×10^3$	349.02
1.0	$1.18×10^3$	350.52	1.47	353.02	$6.94×10^3$	350.52
1.5	$2.65×10^3$	351.52	3.09	356.02	$1.54×10^4$	352.02
2.5	$7.07×10^3$	357.02	7.95	364.52	$4.08×10^4$	357.02
3.5	$1.31×10^4$	363.52	14.79	374.52	$7.55×10^4$	362.52

由图 5-16 和表 5-2 可知，随坯体尺寸的增加，$w_{中心}$ 曲线向高温区域偏移，这是由于在相同外部环境温度下，生坯的低导热特性导致大尺寸坯体内部的温度更低，因此厚度较大的坯体中心的凝胶热降解速率变慢，需在更高温度下完成降解。由于受大尺寸生坯内热质传递滞后现象的影响，$p_{中心}$、ΔT 和 $\sigma_{中心}$ 曲线均向高温区域偏移，当坯体尺寸从 $1.8cm×1.8cm×0.5cm$ 增大至 $12.6cm×12.6cm×3.5cm$ 时，坯体中心的孔隙压强从 $1.75×10^3Pa$ 增加至 $7.55×10^4Pa$，增加了 42.1 倍。最大温差从 0.42℃ 增加至 14.79℃，增大了约 34.2 倍；最大范式等效应力从 $2.90×10^2Pa$ 增加至 $1.31×10^4Pa$，提高了 44.2 倍。总体上来说，热脱脂过程中，在相同升温速率条件下，尺寸越大，坯体内的温度梯度、压力及应力也越大，生坯越容易开裂。

5.5 脱脂工艺制定

为进一步消除陶瓷生坯热脱脂过程在 200～400℃ 温度区间内的两个强孔隙压强及范式等效应力峰，应该考虑采取适当的分段保温工艺，则合理保温温度点和时间的选择尤为必要。针对此问题，本书提出构建以最短脱脂时间为目标，限定反应速率（dα/dt）的分段升温程序。该程序通过给定 dα/dt 的起始约束值（dα/dt 上限）和保温过程的终止约束值（dα/dt 下限），并约束保温的最短、最长时间以减小保温步数的方式来实现，具体原理如图 5-17 所示，其具体计算流程如图 5-18 所示。

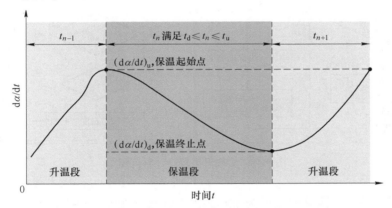

图 5-17　分段升温约束策略示意图

对于图 5-18 中的 M-PRM 动力学模型，通过式（5-1）～式（5-3）采用分段变步长梯形积分计算 α。

$$\frac{\mathrm{d}\alpha_i}{\mathrm{d}t} = k(\alpha_i) \cdot \exp\left(\frac{-E(\alpha_i)}{RT}\right) \cdot (1-\alpha_i)^n \cdot \alpha_i^m \cdot [-\ln(1-\alpha_i)]^p \quad (5\text{-}1)$$

式中，$\ln[k(\alpha_i)] = p_{i,1} + p_{i,2}\alpha_i + p_{i,3}\alpha_i^2 + p_{i,4}\alpha_i^3$；$E(\alpha_i) = p_{i,5} + p_{i,6}\alpha_i + p_{i,7}\alpha_i^2 + p_{i,8}\alpha_i^3$。

惰性气氛及空气气氛下的动力学参数，见表 3-8 和表 3-14。

$$\frac{\mathrm{d}\alpha}{\mathrm{d}t} = \sum_{i=1}^{n_c}\left(\gamma_i \frac{\mathrm{d}\alpha_i}{\mathrm{d}t}\right) \quad (5\text{-}2)$$

$$\alpha = \sum_{i=1}^{n_i}\gamma_i\alpha_i = \sum_{i=1}^{n_c}\sum_{j=1}^{n_t}\left(\gamma_i\int_0^{\Delta t_j}\frac{\mathrm{d}\alpha_i}{\mathrm{d}t}\mathrm{d}t\right) \quad (5\text{-}3)$$

式中，n_c 为拟物质总数量；n_t 为温度分段数；γ_i 为物质加权因子；Δt_j 为第 j 温度段的时间。

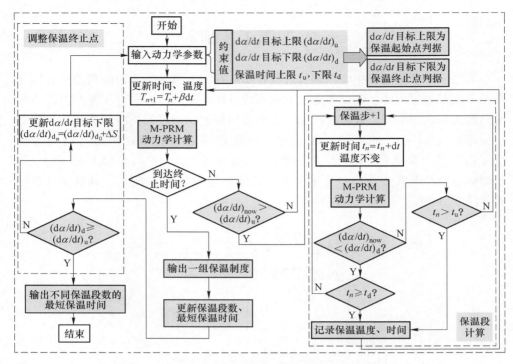

图 5-18　多段升温程序计算流程图

工况条件：微孔等效直径为 140nm，生坯尺寸为 9cm×9cm×2.5cm，外部环境压强为 1atm，凝胶含量（质量分数）为 10%，残余水分含量（质量分数）为 0.5%，升温速率为 1℃/min，环境气体流速为 0.1m/s。以给定工况条件为例，以控制聚合物的最大热解速率为线性升温下的 30% 为目标，基于上述建立的多段升温程序，计算获得了惰性气氛优化脱脂工艺方案（见表 5-3）和空气气氛优化脱脂工艺方案（见表 5-4）。

表 5-3　惰性气氛优化脱脂工艺方案

工艺制度	三段保温	四段保温	五段保温	六段保温
步骤 1	199℃，83min	199℃，56min	199℃，45min	199℃，36min
步骤 2	305℃，229min	305℃，95min	305℃，53min	305℃，30min
步骤 3	333℃，126min	322℃，86min	319℃，71min	316℃，55min
步骤 4	—	342℃，51min	333℃，44min	326℃，38min
步骤 5	—	—	350℃，30min	338℃，30min
步骤 6	—	—	—	352℃，30min
总保温时间	438min	288min	243min	219min

表 5-4　空气气氛优化脱脂工艺方案

工艺制度	三段保温	四段保温	五段保温	六段保温
步骤 1	193℃，133min	193℃，78min	193℃，52min	193℃，43min
步骤 2	263℃，214min	262℃，120min	262℃，102min	261℃，92min
步骤 3	297℃，202min	290℃，85min	287℃，47min	283℃，30min
步骤 4	—	314℃，64min	304℃，42min	297℃，35min
步骤 5	—	—	324℃，33min	312℃，30min
步骤 6	—	—	—	331℃，30min
总保温时间	549min	347min	276min	260min

由表 5-3 和表 5-4 可知，若以最短脱脂时间为目标，当保温段数大于 5 时，脱脂时间最大仅缩短了 24min，因限于脱脂炉控温精度和时间操作成本，本书选择五段保温工艺，即惰性气氛保温策略为：199℃（保温 45min），305℃（保温 53min），319℃（保温 71min），333℃（保温 44min），350℃（保温 30min），总保温时间为 243min。空气气氛的保温策略为：193℃（保温 52min），262℃（保温 102min），287℃（保温 47min），304℃（保温 42min），324℃（保温 33min），总保温时间为 276min。

利用建立的生坯热脱脂过程的热-流-固多场耦合数学模型，模拟计算了上述优化脱脂工艺条件下生坯内的范式等效应力 $\sigma_{中心}$ 和压强 $p_{中心}$ 随时间的变化情况，计算结果如图 5-19（惰性气氛）和图 5-20（空气气氛）所示。为考察在相同温度点下，采用保温优化工艺和线性连续升温工艺进行脱脂，生坯孔隙压力和应力的差异，本书通过将线性升温工艺在对应保温时间点处打断空置的方式，使得图中上下两个算例在 x 轴上所对应的温度值一致，以便于对比分析。

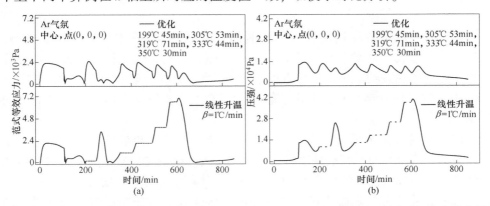

图 5-19　惰性气氛优化脱脂工艺下坯体中范式等效应力 $\sigma_{中心}$ 和压强 $p_{中心}$ 随时间的变化曲线

(a) $\sigma_{中心}$；(b) $p_{中心}$

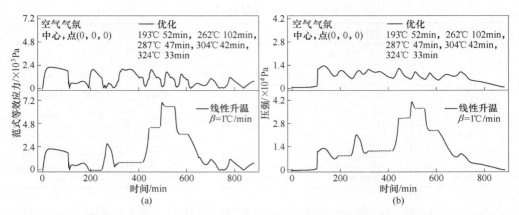

图 5-20　空气气氛优化脱脂工艺下坯体中范式等效应力 $\sigma_{中心}$ 和压强 $p_{中心}$ 随时间的变化曲线

（a）$\sigma_{中心}$；（b）$p_{中心}$

　　由图 5-19 和图 5-20 可知，惰性气氛下采用五段优化脱脂工艺后，最大范式等效应力从 7.08×10^3 Pa 减小至 2.41×10^3 Pa，降低了 67%，最大孔隙压强从 4.27×10^4 Pa 减小为 1.15×10^4 Pa，降低了 73%。空气气氛下采用五段优化脱脂工艺后，最大范式等效应力从 7.04×10^3 Pa 减小至 2.50×10^3 Pa，降低了 64%，最大孔隙压强从 4.24×10^4 Pa 减小为 1.12×10^4 Pa，降低了 74%。同时发现，采用两种气氛的优化脱脂工艺，均可将范式等效应力和压力控制在低于残余水分（0.5%）造成的峰值。因此，若需进一步降低坯体内的压力及范式等效应力，务必对生坯进行充分干燥，减少残余水分含量方可实现。

5.6　本 章 小 结

　　基于构建的凝胶注模陶瓷生坯热脱脂过程的热-流-固多场耦合数学模型，开展了多因素仿真实验，研究了升温速率、环境气氛、坯体尺寸、残余水分等因素对坯体内的压强、应力分布的影响规律，并结合限定聚合物反应速率（$d\alpha/dt$）的分段升温程序，制定了合理的脱脂工艺，得出一些具有指导意义的结果。

　　（1）线性升温热脱脂过程中，长方体块状生坯的顶角处的应力最低，表面应力最大，这是翘曲、开裂缺陷形成的内在原因。在空气气氛中脱脂，最大范式等效应力较惰性气氛下约提高了 11%，形成坯体缺陷的可能性增大。

　　（2）残余水分对热脱脂过程中生坯内的压强和应力分布影响显著。过高的残余水分含量（质量分数大于 1.5%）使得坯体内孔隙压强及应力梯度大于聚合物热解造成的非均质性内应力，易导致多发性裂纹缺陷。对于水基凝胶体系注模的陶瓷生坯，在脱脂前的干燥阶段，坯体内水分（质量分数）应控制在 0.5% 以下。

（3）单因素仿真实验表明，升温速率越快、坯体尺寸越大，坯体内孔隙压强及范式等效应力也越大，且生坯尺寸较升温速率的影响更为显著。

（4）构建了限定聚合物反应速率（$d\alpha/dt$）的分段升温程序，并结合建立的数学模型，得出五段保温脱脂工艺。在给定工况条件下，惰性气氛工艺为：199℃（45min）→305℃（53min）→319℃（71min）→333℃（44min）→350℃（30min）。空气气氛工艺为：193℃（52min）→262℃（102min）→287℃（47min）→304℃（42min）→324℃（33min）。采用此脱脂工艺后，坯体内的孔隙压强和范式等效应力的最大峰值降低了 65%~75%。

参 考 文 献

［1］ 李承亮，赵兴宇，郭文利，等．陶瓷凝胶注模成型工艺的研究进展［J］．材料导报，2007，21（5）：36-39.

［2］ Vandeperre L J, De Wilde A M, Luyten J. Gelatin gelcasting of ceramic components［J］. Journal of Materials Processing Technology, 2003, 135（2/3）：312-316.

［3］ Montanaro L, Coppola B, Palmero P, et al. A review on aqueous gelcasting：A versatile and low-toxic technique to shape ceramics［J］. Ceramics International, 2019, 45（7）：9653-9673.

［4］ Zhang C H, Huang X, Yin Y S, et al. Preparation of boron carbide-aluminum composites by non-aqueous gelcasting［J］. Ceramics International, 2009, 35（6）：2255-2259.

［5］ Babaluo A A, Kokabi M, Barati A. Chemorheology of alumina-aqueous acrylamide gelcasting systems［J］. Journal of the European Ceramic Society, 2004, 24（4）：635-644.

［6］ He R J, Zhang X H, Hu P, et al. Preparation of YAG gel coated ZrB_2-SiC composite prepared by gelcasting and pressureless sintering［J］. Composites Part B, 2013, 54（1）：307-312.

［7］ Yang A K, Wang C A, Guo R, et al. Porous PZT ceramics with high hydrostatic figure of merit and low acoustic impedance by TBA-based gel-casting process［J］. Journal of the American Ceramic Society, 2010, 93（5）：1427-1431.

［8］ Xue J F, Dong M J, Li J, et al. Gelcasting of aluminum nitride ceramics［J］. Journal of the American Ceramic Society, 2010, 93（4）：928-930.

［9］ Wu Z, Sun L C, Pan J J, et al. Highly porous Y_2SiO_5 ceramic with extremely low thermal conductivity prepared by foam-gelcasting-freeze drying method［J］. Journal of the American Ceramic Society, 2018, 101（3）：1042-1047.

［10］ He R J, Zhang R B, Zhu X L, et al. Improved green strength and green machinability of ZrB_2-SiC through gelcasting based on a double gel network［J］. Journal of the American Ceramic Society, 2014, 97（8）：2401-2404.

［11］ 施磊，何秀兰，唐丽娜，等．环保型体系凝胶注模成型陶瓷材料的研究进展［J］．材料导报，2015，29（13）：133-136.

［12］ 王小锋，王日初，彭超群，等．凝胶注模成型技术的研究与进展［J］．中国有色金属学报，2010，20（3）：496-509.

［13］ Tallon C, Franks G V. Recent trends in shape forming from colloidal processing：A review［J］. Journal of the Ceramic Society of Japan, 2011, 119（3）：147-160.

［14］ Wan W, Huang C E, Yang J, et al. Effect of sintering temperature on the properties of fused silica ceramics prepared by gelcasting［J］. Journal of Electronic Materials, 2014, 43（7）：2566-2572.

［15］ Omatete O O, Janney A M, Strehlow A R. Gelcasting-a new ceramic forming process［J］. American Ceramic Society Bulletin, 1991, 70（10）：1641-1649.

［16］ 黄志彬．陶瓷粉末凝胶注模成型工艺研究［D］．长沙：湖南大学，2008.

［17］ Yin S, Pan L M, Guo L, et al. Fabrication and properties of porous Si_3N_4 ceramics by aqueous gelcasting using low-toxic DMAA gelling agent ［J］. Ceramics International, 2018, 44 （7）: 7569-7579.

［18］ Morissette S L, Lewis J A. Chemorheology of aqueous-based alumina-poly （vinyl alcohol） gelcasting suspensions ［J］. Journal of the American Ceramic Society, 1999, 82 （3）: 521-528.

［19］ Potoczek M. A catalytic effect of alumina grains onto polymerization rate of methacrylamide-based gelcasting system ［J］. Ceramics International, 2006, 32 （7）: 739-744.

［20］ Jamshidi P, Lu N N, Liu G, et al. Netshape centrifugal gel-casting of high-temperature sialon ceramics ［J］. Ceramics International, 2018, 44 （3）: 3440-3447.

［21］ Tong J F, Chen D M. Preparation of alumina by aqueous gelcasting ［J］. Ceramics International, 2004, 30 （8）: 2061-2066.

［22］ Potoczek M, De Moraes E G, Colombo P. Ti_2AlC foams produced by gel-casting ［J］. Journal of the European Ceramic Society, 2015, 35 （9）: 2445-2452.

［23］ Khoshkalam M, Faghihi-Sani M A. An investigation on mechanical properties of Alumina-Zirconia-Magnesia spinel composite ceramics fabricated by gel-casting using solution combustion synthesized powder ［J］. Materials Science and Engineering: A, 2013, 587: 336-343.

［24］ Zhang R B, He R J, Zhang X H, et al. Microstructure and mechanical properties of ZrB_2-SiC composites prepared by gelcasting and pressureless sintering ［J］. International Journal of Refractory Metals & Hard Materials, 2014, 43 （3）: 83-88.

［25］ 刘春林, 史安康, 吴盾, 等. 碳化钨粉末注射成形一步热脱脂的脱脂动力学 ［J］. 高分子材料科学与工程, 2018, 34 （7）: 107-113.

［26］ 袁海英, 贾成厂, 张新新, 等. 凝胶注模制备的铝铜坯体脱脂过程及动力学 ［J］. 工程科学学报, 2016, 38 （1）: 102-107.

［27］ 赵强, 尹洪峰, 任耘, 等. 陶瓷材料的凝胶注模成型技术 ［J］. 陕西科技大学学报, 2006, 24 （3）: 150-154.

［28］ Janney M A, Omatete O O, Walls C A, et al. Development of low-toxicity gelcasting systems ［J］. Journal of the American Ceramic Society, 1998, 3 （81）: 581-591.

［29］ Millán A J, Moreno R, Nieto M I. Thermogelling polysaccharides for aqueous gelcasting-part I: A comparative study of gelling additives ［J］. Journal of the European Ceramic Society, 2002, 22 （13）: 2209-2215.

［30］ Santacruz I, Baudín C, Nieto M I, et al. Improved green properties of gelcast alumina through multiple synergistic interaction of polysaccharides ［J］. Journal of the European Ceramic Society, 2003, 23 （11）: 1785-1793.

［31］ Millán A J, Nieto M I, Moreno R. Aqueous gel-forming of silicon nitride using carrageenans ［J］. Journal of the American Ceramic Society, 2001, 84 （1）: 62-64.

［32］ Montgomery J K, Drzal P L, Shull K R, et al. Thermoreversible gelcasting: A novel ceramic processing technique ［J］. Journal of the American Ceramic Society, 2002, 85 （5）:

1164-1168.

[33] Chabert F, Dunstan D E, Franks G V. Cross-linked polyvinyl alcohol as a binder for gelcasting and green machining [J]. Journal of the American Ceramic Society, 2008, 91 (10): 3138-3146.

[34] BednarekP, Szafran M, Sakka Y, et al. Gelcasting of alumina with a new monomer synthesized from glucose [J]. Journal of the European Ceramic Society, 2010, 30 (8): 1795-1801.

[35] Potoczek M, Zawadzak E. Initiator effect on the gelcasting properties of alumina in a system involving low-toxic monomers [J]. Ceramics International, 2004, 30 (5): 793-799.

[36] Zhang C, Qiu T, Yang J, et al. The effect of solid volume fraction on properties of ZTA composites by gelcasting using DMAA system [J]. Materials Science and Engineering A, 2012, 539 (4): 243-249.

[37] Xu H X, Qiu T, Yang J, et al. Gel-casting of fine zirconia using DMAA gel system [J]. Journal of Inorganic Materials, 2011, 26 (10): 1105-1110.

[38] Xu H X, Yang J, Feng Y B, et al. Study on gelation process of gelcasting for superfine zirconia using DMAA gel system [J]. Journal of Synthetic Crystals, 2011, 40 (4): 1053-1058.

[39] Chen B Q, Zhang Z Q, Zhang J X, et al. Aqueous gel-casting of hydroxyapatite [J]. Materials Science and Engineering: A, 2006, 435-436: 198-203.

[40] Wang X F, Xiang H M, Liu J C, et al. Gelcasting of $Yb_3Al_5O_{12}$ using a nontoxic water-soluble copolymer as both dispersant and gelling agent [J]. Ceramics International, 2016, 42 (1): 421-427.

[41] Yao Q, Zhang L, Jiang Z G, et al. Isobam assisted slurry optimization and gelcasting of transparent YAG ceramics [J]. Ceramics International, 2018, 44 (2): 1699-1704.

[42] Yang Y, Shimai S, Wang S W. Room-temperature gelcasting of alumina with a water-soluble copolymer [J]. Journal of Materials Research, 2013, 28 (11): 1512-1516.

[43] Du Z P, Yao D X, Xia Y F, et al. The high porosity silicon nitride foams prepared by the direct foaming method [J]. Ceramics International, 2019, 45 (2): 2124-2130.

[44] Xing Y Y, Wu H B, Liu X J, et al. Aqueous gelcasting of solid-state-sintered SiC ceramics with the addition of the copolymer of isobutylene and maleic anhydride [J]. Journal of Materials Processing Technology, 2019, 271: 172-177.

[45] Johnson S B, Dunstan D E, Franks G V. A novel thermally-activated crosslinking agent for chitosan in aqueous solution: A rheological investigation [J]. Colloid & Polymer Science, 2004, 282 (6): 602-612.

[46] Akhondi H, Taheri-Nassaj E, Taavoni-Gilan A. Gelcasting of alumina-zirconia-yttria nanocomposites with Na-alginate system [J]. Journal of Alloys and Compounds, 2009, 484 (1/2): 452-457.

[47] Xu J, Zhang Y, Gan K, et al. A novel gelcasting of alumina suspension using curdlan gelation [J]. Ceramics International, 2015, 41 (9): 10520-10525.

[48] Munro C D, Plucknett K P. Agar-Based Aqueous Gel Casting of Barium Titanate Ceramics [J].

International Journal of Applied Ceramic Technology, 2011, 8 (3): 597-609.

[49] Lyckfeldt O, Brandt J, Lesca S. Protein forming-a novel shaping technique for ceramics [J]. Journal of the European Ceramic Society, 2000, 20 (14/15): 2551-2559.

[50] Lombardi M, Naglieri V, Tulliani J M, et al. Gelcasting of dense and porous ceramics by using a natural gelatine [J]. Journal of Porous Materials, 2009, 16 (4): 393-400.

[51] Seitz M E, Shull K R, Faber K T. Acrylic triblock copolymer design for thermoreversible gelcasting of ceramics: Rheological and green body properties [J]. Journal of the American Ceramic Society, 2009, 92 (7): 1519-1525.

[52] Shanti N O, Hovis D B, Seitz M E, et al. Ceramic laminates by gelcasting [J]. International Journal of Applied Ceramic Technology, 2009, 6 (5): 593-606.

[53] Yang J L, Yu J L, Huang Y. Recent developments in gelcasting of ceramics [J]. Journal of the European Ceramic Society, 2011, 31 (14): 2569-2591.

[54] Omatete O O, Janney M A, Nunn S D. Gelcasting: From laboratory development toward industrial production [J]. Journal of the European Ceramic Society, 1997, 17 (2/3): 407-413.

[55] Huang Y, Zhou L J, Tang Q, et al. Water-based gelcasting of surface-coated silicon nitride powder [J]. Journal of the American Ceramic Society, 2001, 84 (4): 701-707.

[56] Wang J F, Gao Y C, Yang X F, et al. Rheological properties and gelcasting behavior of ultrafine ZrO_2 suspension [J]. Key Engineering Materials, 2008, 368-372: 740-743.

[57] Ganesh I, Jana D C, Shaik S, et al. An aqueous gelcasting process for sintered silicon carbide ceramics [J]. Journal of the American Ceramic Society, 2006, 89 (10): 3056-3064.

[58] Deng T F, Wang Y J, Dufresne A, et al. Simultaneous enhancement of elasticity and strength of Al_2O_3-based ceramics body from cellulose nanocrystals via gel-casting process [J]. Carbohydrate Polymers, 2018, 181: 111-118.

[59] Shahbazi H, Tataei M. A novel technique of gel-casting for producing dense ceramics of spinel ($MgAl_2O_4$) [J]. Ceramics International, 2019, 45 (7): 8727-8733.

[60] Ganesh I, Sundararajan G. Hydrolysis-induced aqueous gelcasting of β-SiAlON-SiO_2 ceramic composites: The effect of AlN additive [J]. Journal of the American Ceramic Society, 2010, 93 (10): 3180-3189.

[61] Xie R, Zhao Y, Zhou K C, et al. Fabrication of fine-scale 1-3 piezoelectric arrays by aqueous gelcasting [J]. Journal of the American Ceramic Society, 2014, 97 (8): 2590-2595.

[62] Guo D, Cai K, Li L'T, et al. Application of gelcasting to the fabrication of piezoelectric ceramic parts [J]. Journal of the European Ceramic Society, 2003, 23 (7): 1131-1137.

[63] Guo D, Cai K, Li L, et al. Gelcasting of PZT [J]. Ceramics International, 2003, 29 (4): 403-406.

[64] Chen H, Shimai S, Zhao J, et al. Pressure filtration assisted gel casting in translucent alumina ceramics fabrication [J]. Ceramics International, 2018, 44 (14): 16572-16576.

[65] Zhang P P, Liu P, Sun Y, et al. Microstructure and properties of transparent $MgAl_2O_4$ ceramic

fabricated by aqueous gelcasting [J]. Journal of Alloys and Compounds, 2016, 657: 246-249.

[66] Sun Y, Shimai S Z, Peng X, et al. Gelcasting and vacuum sintering of translucent alumina ceramics with high transparency [J]. Journal of Alloys and Compounds, 2015, 641: 75-79.

[67] Zheng Z P, Zhou D X, Gong S P. Studies of drying and sintering characteristics of gelcast $BaTiO_3$-based ceramic parts [J]. Ceramics International, 2008, 34 (3): 551-555.

[68] Huang Y, Ma L G, Le H R, et al. Improving the homogeneity and reliability of ceramic parts with complex shapes by pressure-assisted gel-casting [J]. Materials Letters, 2004, 58 (30): 3893-3897.

[69] Liu G, Attallah M M, Loretto M, et al. Gel casting of sialon ceramics based on water soluble epoxy resin [J]. Ceramics International, 2015, 41 (9): 11534-11538.

[70] Ganesh I. Near-net shape β-$Si_4 Al_2 O_2 N_6$ parts by hydrolysis induced aqueous gelcasting process [J]. International Journal of Applied Ceramic Technology, 2009, 6 (1): 89-101.

[71] Yang J L, Lin H, Xi X Q, et al. Porous ceramic from particle-stabilised foams via gelcasting [J]. International Journal of Materials and Product Technology, 2010, 37 (3/4): 248-256.

[72] Fukushima M, Yoshizawa Y, Ohji T. Macroporous ceramics by gelation-freezing route using gelatin [J]. Advanced Engineering Materials, 2014, 16 (6): 607-620.

[73] Fukushima M, Nakata M, Zhou Y, et al. Fabrication and properties of ultra highly porous silicon carbide by the gelation-freezing method [J]. Journal of the European Ceramic Society, 2010, 30 (14): 2889-2896.

[74] Wiecinska P, Bachonko M. Processing of porous ceramics from highly concentrated suspensions by foaming, in situ polymerization and burn-out of polylactide fibers [J]. Ceramics International, 2016, 42 (13): 15057-15064.

[75] Yuan B, Wang G, Li H X, et al. Fabrication and microstructure of porous SiC ceramics with $Al_2 O_3$ and CeO_2 as sintering additives [J]. Ceramics International, 2016, 42 (11): 12613-12616.

[76] Ocampo J I G, Sierra D M E, Orozco C P O. Porous bodies of hydroxyapatite produced by a combination of the gel-casting and polymer sponge methods [J]. Journal of Advanced Research, 2016, 7 (2): 297-304.

[77] 贺辉, 张颖, 张军战, 等. 凝胶注模制备多孔陶瓷的研究进展 [J]. 硅酸盐通报, 2017, 36 (6): 1957-1963.

[78] Tu T Z, Jiang G J. SiC reticulated porous ceramics by 3D printing, gelcasting and liquid drying [J]. Ceramics International, 2018, 44 (3): 3400-3405.

[79] Prabhakaran K, Melkeri A, Beigh M O, et al. Preparation of a porous cermet SOFC anode substrate by gelcasting of NiO-YSZ powders [J]. Journal of the American Ceramic Society, 2007, 90 (2): 622-625.

[80] Yu J L, Wang H J, Zhang J, et al. Gelcasting preparation of porous silicon nitride ceramics by adjusting the content of monomers[J]. Journal of Sol-Gel Science and Technology, 2010, 53(3): 515-523.

［81］ Yang Z H, Chen N, Qin X M. Fabrication of porous Al_2O_3 ceramics with submicron-sized pores using a water-based gelcasting method ［J］. Materials, 2018, 11 (9): 1784.

［82］ 张立明, 张丽, 王龙光, 等. 凝胶注模成型陶瓷坯体脱脂过程的研究 ［J］. 稀有金属材料与工程, 2008, 37 (S1): 697-701.

［83］ 陈宗淇, 王光信, 徐桂英. 胶体与界面化学 ［M］. 北京: 高等教育出版社, 2001.

［84］ 张立明. 陶瓷悬浮液流变特性及胶态成型坯体缺陷的控制 ［D］. 北京: 清华大学, 2005.

［85］ 周祖康, 顾惕人, 马季铭. 胶体化学基础 ［M］. 北京: 北京大学出版社, 1987.

［86］ 傅献彩, 陈瑞华. 物理化学 ［M］. 北京: 高等教育出版社, 1986.

［87］ Kandi K K, Pal S K, Rao C S P. Effect of dispersant on the rheological properties of gelcast fused silica ceramics ［J］. IOP Conference Series: Materials Science and Engineering, 2016, 149: 12063.

［88］ Young A C, Ornatete O O, Janney M A, et al. Gelcasting of alumina ［J］. Journal of the American Ceramic Society, 1991, 74 (3): 612-618.

［89］ Ma J T, Xie Z P, Miao H Z, et al. Gelcasting of ceramic suspension in acrylamide/polyethylene glycol systems ［J］. Ceramics International, 2002, 28 (8): 859-864.

［90］ Shen L Y, Liu M J, Liu X Z, et al. Investigation of the influencing factors on surface exfoliation on Al_2O_3-ZrO_2 green bodies prepared by gelcasting ［J］. Materials Science and Engineering: A, 2007, 464 (1/2): 63-67.

［91］ Ma J T, Xie Z P, Miao H Z, et al. Elimination of surface spallation of alumina green bodies prepared by acrylamide-based gelcasting via poly (vinylpyrrolidone) ［J］. Journal of the American Ceramic Society, 2003, 86 (2): 266-272.

［92］ Ma L G, Huang Y, Yang J L, et al. Control of the inner stresses in ceramic green bodies formed by gelcasting ［J］. Ceramics International, 2006, 32 (2): 93-98.

［93］ Barati A, Kokabi M, Famili M H N. Drying of gelcast ceramic parts via the liquid desiccant method ［J］. Journal of the European Ceramic Society, 2003, 23 (13): 2265-2272.

［94］ 马利国, 黄勇, 杨金龙, 等. 凝胶注模成型固化过程及其影响因素—陶瓷浆料凝胶点测定及其影响因素的研究 ［J］. 成都大学学报 (自然科学版), 2002, 2 (2): 5-10.

［95］ Zhao L, Yang J L, Ma L G, et al. Influence of minute metal ions on the idle time of acrylamide polymerization in gelcasting of ceramics ［J］. Materials Letters, 2002, 56 (6): 990-994.

［96］ Yang X F, Xie Z P, Liu G W, et al. Dynamics of water debinding in ceramic injection moulding ［J］. Advances in Applied Ceramics, 2009, 108 (5): 295-300.

［97］ Yu J L, Wang H J, Zeng H, et al. Effect of monomer content on physical properties of silicon nitride ceramic green body prepared by gelcasting ［J］. Ceramics International, 2009, 35 (3): 1039-1044.

［98］ 杨现锋, 谢志鹏, 刘冠伟, 等. 埋粉对热脱脂速率和传质过程的影响 ［J］. 稀有金属材料与工程, 2009, 38 (S2): 138-141.

［99］ Liu L, Loh N H, Tay B Y, et al. Effects of thermal debinding on surface roughness in micro powder injection molding [J]. Materials Letters, 2007, 61 (3): 809-812.

[100] Ani S M, Muchtar A, Muhamad N, et al. Binder removal via a two-stage debinding process for ceramic injection molding parts [J]. Ceramics International, 2014, 40 (2): 2819-2824.

[101] Enneti R K, Shivashankar T S, Park S J, et al. Master debinding curves for solvent extraction of binders in powder injection molding [J]. Powder Technology, 2012, 228: 14-17.

[102] Yang W W, Yang K Y, Wang M C, et al. Solvent debinding mechanism for alumina injection molded compacts with water-soluble binders [J]. Ceramics International, 2003, 29 (7): 745-756.

[103] Gorjan L, Dakskobler A, Kosmač T. Strength evolution of injection-molded ceramic parts during wick-debinding [J]. Journal of the American Ceramic Society, 2012, 95 (1): 188-193.

[104] Gorjan L, Dakskobler A, Kosmač T. Partial wick-debinding of low-pressure powder injection-moulded ceramic parts [J]. Journal of the European Ceramic Society, 2010, 30 (15): 3013-3021.

[105] Fu G, Loh N H, Tor S B, et al. Injection molding, debinding and sintering of 316L stainless steel microstructures [J]. Applied Physics A, 2005, 81 (3): 495-500.

[106] 马运柱, 蔡青山, 刘文胜. 粉末近净成形溶剂脱脂技术 [J]. 材料科学与工程学报, 2011, 29 (3): 461-467.

[107] 李晓明, 李益民, 黄伯云, 等. 粉末注射成形硬质合金异形件热脱脂工艺的研究 [J]. 硬质合金, 2001, 18 (4): 214-217.

[108] Angermann H H, Van Der Biest O. Binder removal in powder injection molding [J]. Reviews in Particulate Materials, 1995 (3): 35-70.

[109] 彭周, 肖建中. 陶瓷注射成形中脱脂工艺及其新进展 [J]. 材料导报, 2006, 20 (S2): 252-257.

[110] 颜鲁婷, 司文捷, 苗赫濯. CIM 中最新脱脂工艺的进展 [J]. 材料科学与工程, 2001, 19 (3): 108-112.

[111] Attia U M, Alcock J R. Fabrication of hollow, 3D, micro-scale metallic structures by micro-powder injection moulding [J]. Journal of Materials Processing Technology, 2012, 212 (10): 2148-2153.

[112] 李新军, 孙红英. 粉末注射成形粘结剂及脱脂技术研究进展 [J]. 材料导报, 2000, 14 (10): 56-58.

[113] 乔斌, 姬祖春, 李化强. 金属注射成形坯料的虹吸-热二步脱脂工艺研究 [J]. 热加工工艺, 2007, 36 (13): 54-55.

[114] 卢艳军, 胡艳军, 余帆, 等. 基于 Py-GC/MS 的污泥含碳、氧官能团热解演化过程研究 [J]. 化工学报, 2018, 69 (10): 4378-4385.

[115] 毛磊, 童仕唐. 延迟焦化石油焦热重分析及热解动力学 [J]. 石油炼制与化工, 2011, 42 (12): 46-49.

[116] Bednarek P, Szafran M. Thermal decomposition of monosaccharides derivatives applied in

ceramic gelcasting process investigated by the coupled DTA/TG/MS analysis [J]. Journal of Thermal Analysis and Calorimetry, 2012, 109 (2): 773-782.

[117] Wang B, Xu F F, Zong P J, et al. Effects of heating rate on fast pyrolysis behavior and product distribution of Jerusalem artichoke stalk by using TG-FTIR and Py-GC/MS [J]. Renewable Energy, 2019, 132: 486-496.

[118] Ma Z Z, Xie J H, Gao N B, et al. Pyrolysis behaviors of oilfield sludge based on Py-GC/MS and DAEM kinetics analysis [J]. Journal of the Energy Institute, 2019, 92 (4): 1053-1063.

[119] Belgacem M, Thierry B, Jean-Claude G. Investigations on thermal debinding process for fine 316L stainless steel feedstocks and identification of kinetic parameters from coupling experiments and finite element simulations [J]. Powder Technology, 2013, 235: 192-202.

[120] Salehi M, Clemens F, Graule T, et al. Kinetic analysis of the polymer burnout in ceramic thermoplastic processing of the YSZ thin electrolyte structures using model free method [J]. Applied Energy, 2012, 95: 147-155.

[121] 刘旭光, 李保庆. DAEM 模型研究大同煤及其半焦的气化动力学 [J]. 燃料化学学报, 2000, 28 (4): 289-293.

[122] Wang J L, Lian W H, Li P, et al. Simulation of pyrolysis in low rank coal particle by using DAEM kinetics model: Reaction behavior and heat transfer [J]. Fuel, 2017, 207: 126-135.

[123] Chen Z H, Hu M, Zhu X L, et al. Characteristics and kinetic study on pyrolysis of five lignocellulosic biomass via thermogravimetric analysis [J]. Bioresource Technology, 2015, 192: 441-450.

[124] Sun Y H, Bai F T, Lü X S, et al. Kinetic study of Huadian oil shale combustion using a multi-stage parallel reaction model [J]. Energy, 2015, 82: 705-713.

[125] Cima M J, Dudziak M, Lewis J A. Observation of poly (Vinyl Butyral)-dibutyl phthalate binder capillary migration [J]. Journal of the American Ceramic Society, 1989, 72 (6): 1087-1090.

[126] Hwang K S, Hsieh Y M. Comparative study of pore structure evolution during solvent and thermal debinding of powder injection molded parts [J]. Metallurgical and Materials Transactions A, 1996, 27 (2): 245-253.

[127] Hwang K S, Tsou T H. Thermal debinding of powder injection molded parts: Observations and mechanisms [J]. Metallurgical Transactions A, 1992, 23 (10): 2775-2782.

[128] Shaw H M, Edirisinghe M I. Porosity development during removal of organic vehicle from ceramic injection mouldings [J]. Journal of the European Ceramic Society, 1994, 13 (2): 135-142.

[129] Shaw H M, Hutton T J, Edirisinghe M J. On the formation of porosity during removal of organic vehicle from injection-moulded ceramic bodies [J]. Journal of Materials Science Letters, 1992, 11 (15): 1075-1077.

[130] Lewis J A, Cima M J, Rhine W E. Direct observation of preceramic and organic binder

decomposition in 2D model microstructures [J]. Journal of the American Ceramic Society, 1994, 77 (7): 1839-1845.

[131] Shi Z, Guo Z X, Song J H. A diffusion-controlled kinetic model for binder burnout in a powder compact [J]. Acta Materialia, 2002, 50 (8): 1937-1950.

[132] Oliveira A A M, Kaviany M, Hrdina K E, et al. Mass diffusion-controlled bubbling and optimum schedule of thermal degradation of polymeric binders in molded powders [J]. International Journal of Heat and Mass Transfer, 1999, 42 (17): 3307-3329.

[133] Ying S J, Lam Y C, Yu S C M, et al. Thermal debinding modeling of mass transport and deformation in powder-injection molding compact [J]. Metallurgical and Materials Transactions B, 2002, 33 (3): 477-488.

[134] German R M. Theory of thermal debinding [J]. The International Journal of Powder Metallurgy, 1987, 23 (4): 237-245.

[135] Maximenko A, Van Der Biest O. Finite element modelling of binder removal from ceramic mouldings [J]. Journal of the European Ceramic Society, 1998, 18 (8): 1001-1009.

[136] Lombardo S J, Retzloff D G. A process control algorithm for reaction-diffusion minimum time heating cycles for binder removal from green bodies [J]. Journal of the American Ceramic Society, 2019, 102 (3): 1030-1040.

[137] Lombardo S J. Minimum time heating cycles for diffusion-versus permeability-controlled binder removal from ceramic green bodies [J]. Journal of the American Ceramic Society, 2017, 100 (2): 529-538.

[138] Dele-Afolabi T T, Hanim M A A, Norkhairunnisa M, et al. Research trend in the development of macroporous ceramic components by pore forming additives from natural organic matters: A short review [J]. Ceramics International, 2017, 43 (2): 1633-1649.

[139] Enneti R K, Park S J, German R M, et al. Review: Thermal debinding process in particulate materials processing [J]. Materials and Manufacturing Processes, 2012, 27 (2): 103-118.

[140] Chen G, Cao P, Wen G A, et al. Debinding behaviour of a water soluble PEG/PMMA binder for Ti metal injection moulding [J]. Materials Chemistry and Physics, 2013, 139 (2/3): 557-565.

[141] Shen L Y, Xu X S, Lu W, et al. Aluminum nitride shaping by non-aqueous gelcasting of low-viscosity and high solid-loading slurry [J]. Ceramics International, 2016, 42 (4): 5569-5574.

[142] Li J, Huang J. Thermal debinding kinetics of gelcast ceramic parts via a modified independent parallel reaction model in comparison with the multiple normally distributed activation energy model [J]. ACS Omega, 2022, 7 (23): 20219-20228.

[143] Hu M, Chen Z H, Wang S K, et al. Thermogravimetric kinetics of lignocellulosic biomass slow pyrolysis using distributed activation energy model, Fraser-Suzuki deconvolution, and iso-conversional method [J]. Energy Conversion and Management, 2016, 118: 1-11.

[144] Lin Y, Chen Z H, Dai M Q, et al. Co-pyrolysis kinetics of sewage sludge and bagasse using

multiple normal distributed activation energy model（M-DAEM）［J］. Bioresource Technology, 2018, 259: 173-180.

［145］ De Filippis P, De Caprariis B, Scarsella M, et al. Double distribution activation energy model as suitable tool in explaining biomass and coal pyrolysis behavior［J］. Energies, 2015, 8 (3): 1730-1744.

［146］ Cai J M, Wu W X, Liu R H. Sensitivity analysis of three-parallel-DAEM-reaction model for describing rice straw pyrolysis［J］. Bioresource Technology, 2013, 132: 423-426.

［147］ Cai J M, Wu W X, Liu R H. An overview of distributed activation energy model and its application in the pyrolysis of lignocellulosic biomass［J］. Renewable and Sustainable Energy Reviews, 2014, 36: 236-246.

［148］ Bai F T, Guo W, Lü X S, et al. Kinetic study on the pyrolysis behavior of Huadian oil shale via non-isothermal thermogravimetric data［J］. Fuel, 2015, 146: 111-118.

［149］ 孙云娟. 生物质与煤共热解气化行为特性及动力学研究［D］. 北京: 中国林业科学研究院, 2013.

［150］ Flynn J H. The "Temperature Integral"-Its use and abuse［J］. Thermochimica Acta, 1997, 300 (1/2): 83-92.

［151］ Xie C D, Liu J Y, Zhang X C, et al. Co-combustion thermal conversion characteristics of textile dyeing sludge and pomelo peel using TGA and artificial neural networks［J］. Applied Energy, 2018, 212: 786-795.

［152］ Órfão J J M. Review and evaluation of the approximations to the temperature integral［J］. AIChE Journal, 2007, 53 (11): 2905-2915.

［153］ Starink M J. A new method for the derivation of activation energies from experiments performed at constant heating rate［J］. Thermochimica Acta, 1996, 288 (1/2): 97-104.

［154］ Šesták J, Berggren G. Study of the kinetics of the mechanism of solid-state reactions at increasing temperatures［J］. Thermochimica Acta, 1971, 3 (1): 1-12.

［155］ Vyazovkin S, Wight C A. Model-free and model-fitting approaches to kinetic analysis of isothermal and nonisothermal data［J］. Thermochimica Acta, 1999, 340-341: 53-68.

［156］ Vyazovkin S, Burnham A K, Criado J M, et al. ICTAC Kinetics Committee recommendations for performing kinetic computations on thermal analysis data［J］. Thermochimica Acta, 2011, 520 (1/2): 1-19.

［157］ Aboyade A O, Carrier M, Meyer E L, et al. Model fitting kinetic analysis and characterisation of the devolatilization of coal blends with corn and sugarcane residues［J］. Thermochimica Acta, 2012, 530: 95-106.

［158］ Song J H, Evans J R G, Edirisinghe M J, et al. Optimization of heating schedules in pyrolytic binder removal from ceramic moldings［J］. Journal of Materials Research, 2000, 15 (2): 449-457.

［159］ Song J H, Edirisinghe M J, Evans J R G, et al. Modeling the effect of gas transport on the formation of defects during thermolysis of powder moldings［J］. Journal of Materials Research,

1996, 11（4）：830-840.

［160］ Matar S A, Edirisinghe M J, Evans J R G, et al. Modelling the removal of organic vehicle from ceramic or metal mouldings：The effect of gas permeation on the incidence of defects ［J］. Journal of Materials Science, 1995, 30（15）：3805-3810.

［161］ Matar S A, Evans J R G, Edirisinghe M J, et al. The influence of monomer and polymer properties on the removal of organic vehicle from ceramic and metal moldings ［J］. Journal of Materials Research, 1995, 10（8）：2060-2072.

［162］ Matar S A, Edirisinghe M J, Evans J R G, et al. The effect of porosity development on the removal of organic vehicle from ceramic or metal moldings ［J］. Journal of Materials Research, 1993, 8（3）：617-625.

［163］ Tsai D S. Pressure buildup and internal stresses during binder burnout：Numerical analysis ［J］. AIChE Journal, 1991, 37（4）：547-554.

［164］ Heaney D F, Spina R. Numerical analysis of debinding and sintering of MIM parts ［J］. Journal of Materials Processing Technology, 2007, 191（1/2/3）：385-389.

［165］ Ying S J, Lam Y C, Yu S C M, et al. Two-dimensional simulation of mass transport in polymer removal from a powder injection molding compact by thermal debinding ［J］. Journal of Materials Research, 2001, 16（8）：2436-2451.

［166］ 黄小丽. 稻谷过热蒸汽干燥过程中的力学及干燥动力学特性研究 ［D］. 北京：中国农业大学, 2014.

［167］ 陈德鹏, 钱春香. 考虑 Knudsen 扩散影响的水泥基材料湿扩散系数 ［J］. 建筑材料学报, 2009, 12（6）：635-638.

［168］ 李新军, 孙红英, 吕海波, 等. PIM 中高分子裂解脱除过程的数学模型 ［J］. 中国有色金属学报, 2000, 10（5）：672-675.

［169］ 杨现锋, 谢志鹏, 刘伟. 陶瓷粉末注射成型热脱脂动力学过程 ［J］. 材料热处理学报, 2012（2）：26-30.

［170］ 徐伟, 石磊, 郑艳华, 等. 核级石墨 IG-110 氧化模型研究 ［J］. 原子能科学技术, 2015, 49（S1）：475-480.

［171］ 曹廷宽, 刘成川, 卜淘, 等. 考虑气体滑脱及 Knudsen 扩散的低渗致密砂岩微观流动模拟 ［J］. 石油与天然气地质, 2017, 38（6）：1165-1171.

［172］ Zhang J, Zhang H T, Ren T, et al. Proactive inertisation in longwall goaf for coal spontaneous combustion control-A CFD approach ［J］. Safety Science, 2019, 113：445-460.

［173］ Defraeye T, Verboven P. Convective drying of fruit：Role and impact of moisture transport properties in modelling ［J］. Journal of Food Engineering, 2017, 193：95-107.

［174］ 刘洋, 黄涛. 基于生物多孔介质的对流干燥数值模拟 ［J］. 湖北工业大学学报, 2018, 33（4）：113-116.

［175］ 王会林, 卢涛, 姜培学. 生物多孔介质热风干燥数学模型及数值模拟 ［J］. 农业工程学报, 2014, 30（20）：325-333.

［176］ Wang Z F, Sun J H, Liao X J, et al. Mathematical modeling on hot air drying of thin layer apple pomace［J］. Food Research International，2007，40（1）：39-46.

［177］杨玲，陈建，杨屹立，等. 甘蓝型油菜籽热风干燥特性及其数学模型［J］. 现代食品科技，2014，30（8）：144-150.

［178］Xiao H W，Pang C L，Wang L H，et al. Drying kinetics and quality of Monukka seedless grapes dried in an air-impingement jet dryer［J］. Biosystems Engineering，2010，105（2）：233-240.

［179］黄勇，张立明，杨金龙，等. 先进陶瓷胶态成型新工艺的研究进展［J］. 硅酸盐学报，2007，35（2）：129-136.